小而美的多肉植物

〔日〕主妇之友社 编著　　〔日〕羽兼直行 监修　　冯宇轩 译

CTS K 湖南科学技术出版社

与多肉植物一起生活

　　仙人掌和多肉植物是极具魅力的植物，其生长变化的姿态尤为可爱。它们种类非常丰富，每种都颇有个性，其中既有叶肉厚到鼓起来的，也有带着尖锐的刺的。它们的叶片颜色五彩缤纷，人们可以欣赏到很多不同的色彩搭配。还有些带着透明窗的多肉植物，因为在阳光照射下异常美丽而人气颇高。仙人掌和多肉植物中容易培育的品种有很多，就算是懒人也可以放心栽培。

　　融合自己的风格，开始与多肉植物一起生活吧！

仙人掌和多肉植物的多彩魅力

1.
造型独特
具有像艺术品一般的独特形态，非常适合作室内装饰。

2.
品种繁多
类别和品种繁多，收集自己喜好的种类也是个快乐的过程。

3.
花朵绚丽
能开出鲜艳花朵的品种有很多。花季时会绽放令人心醉的颜色的花朵。

4.
叶色丰富
各品种拥有不同的叶色，根据寒暖温差的变化，会产生不同颜色的美感。

5.
栽培容易
不需频繁浇水，相对而言算是很好养的植物，能长久地养下去。

6.
混植轻松
因种类丰富，能把多个品种混合栽培在一起，欣赏到别具一格的组合美。

目 录

小而美的多肉植物

PART **4**

让多肉植物茁壮成长的栽培课

PART **1**

多肉植物的个性盆栽方案

Arrangement of succulent plant

多肉植物与其他花花草草比起来,容易照料得多,绝对是能长久陪伴着你的可爱植物。由于它本身看起来有种艺术品的美感,我们可以设计多种造型生动的多肉植物盆栽。快来使用自己喜欢的器皿混植各式各样可爱的多肉植物吧!

DATA

中间：青锁龙属【龙宫城】
Crassula 'Ivory Pagoda'

左：瓦苇属【玉扇】
Haworthia truncata

右：鲨鱼掌属【贝里娜（音译）】
Gasteria baylissiana

方案
01

小型多肉
植物盆栽

虽说多肉植物种类五花八门，但市面上销售的还是以小型多肉植物为主。这里给大家介绍一种小型多肉植物的独特盆栽方式。采用同样形状的小陶瓷器皿，分别单独栽入多肉植物，然后摆放在一起，这样既能够强调它们各自不同的姿态，也让人不自觉地对这些可爱的小家伙产生怜爱之情。

直径约6厘米的陶瓷花盆，虽然只有手掌那么大，但很适合栽种各种多肉植物和仙人掌。

DATA

右:瓦苇属【康平寿】
Haworthia emelyyae var. comptoniana

左:瓦苇属【冰灯玉露】
Haworthia obtusa

方案 02

用杯子培育瓦苇属多肉植物

　　把两株形状不同的瓦苇属多肉植物分别栽入咖啡杯中。它们都是叶尖带窗的品种，其晶莹剔透的外形让人耳目一新。放在这种底部没有洞的容器里，一定要注意浇水的频率，一般两周浇一次水，浇透就可以了。另外，为了避免其根部难以伸展，有必要选择深一点的容器。

直径约7.5厘米的咖啡杯。不管是什么样的容器，只要有充分的伸展空间，都可以拿来作多肉植物的花盆。

9

03

制作专用架收集
小型多肉植物

多肉植物品种丰富，每一种都令人着迷，爱好者可以尽情享受收藏的乐趣。收集了大量多肉植物后，是不是想给它们打造一个专门的花棚呢？去买些木板，制作一个自己喜欢的架子来摆放珍藏的各种多肉植物吧。这种架子最适合放在日照充足、通风良好的窗边，非常方便管理和欣赏。

四块木板拼装起来的木格子，使用起来非常灵活。可根据空间的不同横放或竖放。

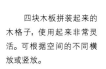

11

04

混植迷你多肉植物

使用铁皮器皿作为混合栽培迷你多肉植物的盆器。多肉植物不管叶片形状还是颜色都各不相同，需要好好思考如何组合才能更好地展现它们的美感。其实，重点是选择栽培环境和性质都比较接近的品种种在一起。下面的盆栽集合了几组比较好养的多肉植物族群。

根据多肉植物的大小准备好铁皮器皿，用小颗粒赤玉土作植料，并覆盖一层椰皮纤维来保持土壤水分、抑制杂草生长。

如果器皿底部没有洞，可以在底部敲出几个小洞，方便排水，也有利于日后浇水管理。

DATA

❶ 青锁龙属【静之舞】
Crassula cv.

❷ 伽蓝菜属【黑兔耳】
Kalanchoe tomentosa 'Kurotoji'

❸ 景天石莲属【玉雪】
Sedeveria 'Snowjyaid'

❹ 景天属【虹之玉】
Sedum rubrotinctum

❺ 景天属【铭月】
Sedum adolphii

❻ 拟石莲花属【静夜】
Echeveria derenbergii

❼ 风车草属【黛比】
Graptoveria 'Debbi'

❽ 拟石莲花属【野蔷薇之精】
Echeveria 'Nobaranosei'

❾ 瓦松属【子持莲华】
Orostachys boehmeri

05

用铁器自由搭配多肉植物

使用可以洒水的壁挂式铁器混植多肉植物。可选择如朱莲和帕皮拉瑞斯等向上生长的多肉植物。也可以选择像佛珠等向下生长的多肉植物。另外，在其生长过程中注意调整造型，也可以植入不同种类的多肉植物来平衡整体造型。

底部已经开了排水洞的铁皮器皿。在栽入多肉植物时要注意摆正容器，把比较矮小的品种栽在靠近把手这边，而较高的品种则栽入边缘较高的一侧。

DATA

❶ 伽蓝菜属【朱莲】
Kalanchoe longiflora var. *coccinea*

❷ 银波锦属【帕皮拉瑞斯(音译)】
Cotyledon papilaris

❸ 千里光属【佛珠】
Senecio rowleyanus

❹ 拟石莲花属【锦晃星】
Echeveria pulvinatu

❺ 景天属【铭月】
Sedum adolphii

❻ 拟石莲花属【红化妆】
Echeveria 'Victor '

❼ 风车草属【黛比】
Graptoveria 'Debbi '

❽ 景天属【大唐米】
Sedum oryzifolium

方案

06

在篮子里装满可爱的多肉植物

在网状篮子里混植各种颜色的多肉植物。为了避免土洒落出来，可用麻布铺在篮子内部，再填入小颗粒赤玉土。图中的布局凸显了芦荟属白狐的美丽白色叶片，多种颜色的多肉植物簇拥着它，增添了整体色彩感。记得栽种的时候按照从大株到小株的顺序依次栽入哦。

使用专门盛放物品的网状篮子。为了防止细土洒落，可先在篮子内部覆盖麻布。

DATA

❶ 芦荟属【白狐】
Aloe rauhii var. 'White Fox'

❷ 青锁龙属【星乙女】
Crassula perforata

❸ 青锁龙属【姬花月】
Crassula ovata 'Himekagetsu'

❹ 拟石莲花属【群月冠】
Echeveria 'Gungekka'

❺ 拟石莲花属【古紫】
Echeveria affinis

❻ 景天属【乙女心】
Sedum pachyphyllum

❼ 景天属【虹之玉】
Sedum rubrotinctum

❽ 丸叶万年草
makinoi

方案

07

超有个性的
球形仙人掌

　　仙人掌也有大量不同品种，这里把三种球形仙人掌混植在长方形容器里。虽说它们都是球形，但其刺的数量及色彩完全不一样，种在一起的话，各自彰显着与众不同的个性。另外，在间隙里栽种一些景天属迷你多肉植物，为整个布局增添了生动变化。最好将它们摆放在日照充足的场所培育。

使用长约22厘米的长方形容器，混植形状与色彩各异的仙人掌，充分享受观赏乐趣。

DATA

❶ 裸萼属【圣王丸】
Gymnocalycium buenekeri

❷ 南翁玉属【金冠】
Eriocactus schumannianus

❸ 裸萼球属【牡丹玉】
Gymnocalycium mihanovichii var.

DATA

❶ 千里光属【蓝月亮】
Senecio antandroi

❷ 士童属【士童】
Frailea castanea

❸ 景天属【乙女心】
Sedum pachyphyllum

❹ 星球属【般若】
Astrophytum ornatum

❺ 厚叶草属【桃美人】
Pachyphytum cv.

❻ 乳突球属【云峰】
Mammillaria longiflora ssp.

方案

08

蛋托里的迷你多肉植物

把迷你仙人掌和迷你多肉植物一起栽入纸质蛋托中，将个性迥异的它们交替布局。可使用喷雾的方式来温柔地浇水。这种混植不仅节省了园艺用品，也充分利用了身边的旧物，真是低碳环保的好手段。

使用纸质蛋托作为栽种容器。每个蛋托位对应一棵迷你植物，空间完全够用哦。

09

用伸展的茎打造日式盆栽

因茎部太长而使整体造型失衡的多肉植物，如果放在店铺一定得不到丝毫关注，但我们就要充分利用这样的植物来打造日式盆栽。其实，杂乱无章的茎如果摆放得当也能营造日式风情。在混植时，根据植物的间隙及茎的走向进行设计，才能实现平衡的完美效果。

DATA

左：拟石莲花属【红稚儿】
Echeveria macdougallii
中：千里光属【万宝】
Senecio serpens
右：风车草属【姬胧月】
Graptopetalum paraguayensis
'Bronze Hime'

小盆栽用的四角花盆。
用多肉植物塑造日式风情，
可谓化腐朽为神奇。

方案

10

小型多肉植
物的吊挂

混植的多肉植物可吊挂在窗边作装饰。先在容器底部填入赤玉土，再围绕容器中心聚集栽种株体较矮的拟石莲花属和风车草属多肉植物，然后在植物周围附上水苔，这种布局无论从哪个角度看都很有意思。要记得用喷雾的方式浇水。

DATA（从前至后逆时针方向）

风车草属【秋丽】
Graptopetalum cv.

拟石莲花属【野玫瑰之精】
Echeveria 'Nobaranosei'

景天属【虹之玉】
Sedum rubrotinctum

拟石莲花属杂交种
Echeveria hybrid

吊挂式的栽培容器。
直径约12厘米，根据视线
决定挂放位置。注意选择
适合栽种的品种。

DATA

❶ 生石花属【日轮玉】
   Lithops aucampiae
❷ 生石花属【巴里玉】
   Lithops hallii
❸ 生石花属【丽虹玉】
   Lithops dorotheae
❹ 生石花属【碧琉璃】
   Lithops peersii
❺ 生石花属【福来玉】
   Lithops julii ssp. *fulleri*
❻ 生石花属【石榴玉】
   Lithops bromfieldii

方案

11

变成石头的生石花属多肉植物

把形状奇妙的生石花属多肉植物混植在一起。为了抵御强光及动物的啃噬，它们拟态成石头，色彩和纹理相当丰富，收藏性很高。为了营造其发源地美洲大陆的感觉，此盆栽的土表铺上了一层小颗粒蛭石。

直径约22厘米的铁皮容器。底部敲出几个排水的小洞，使用赤玉土和蛭石作植料。

推荐大家把生石花属多肉植物摆放在日照充足又遮雨的场所管理。夏季休眠期间请不要浇水。

23

12

长生草属多肉植物的天然混植

　　耐寒性强，就算冬天也能在室外栽培的长生草属多肉植物，因为品种丰富而被众多玩家竞相收藏。这里使用的是广口花盆，选择了色彩与形状各异的品种，搭配一根流木，使整个盆栽呈现出天然感。另外，该属植物生长到一定程度时会从侧边生出子株，别有一番趣味。

24

DATA

❶ 长生草属【圣女贞德】
Sempervivum 'Jeannedarc'

❷ 长生草属【覆盆子冰】
Sempervivum 'Raspberry Ice'

❸ 长生草属【羚羊】
Sempervivum 'Gazelle'

❹ 长生草属【洛克洛玫瑰】
Sempervivum 'Rocknoll Rosette'

❺ 长生草属、桦木属杂交种
Rosularia platyphylla

使用直径约28厘米的花盆来
混植长生草属多肉植物。因为它们
个头较矮，整体平衡性好，所以可
以在广口的浅花盆里轻松布局。

摆放在鱼缸中造景的沉木。
购买沉木时最好选择合适花盆尺
寸且枝干健全的品种。

PART 2

多肉植物知多少
Let's understand a succulent plant

　　拥有非凡魅力的多肉植物和仙人掌,让人觉得不可思议!它们是怎么进化成如此形态呢,为什么对生存环境又有如此要求呢?其实我们只要认真了解多肉植物的发源地和特性,就能解开这些困惑了。更重要的是,只要掌握好它们的需求,一定可以养好这群小家伙。

要点 1

了解多肉植物和仙人掌的家乡

> **了解多肉植物和仙人掌发源地的生态环境是重要功课**

　　多肉植物和仙人掌的发源地主要位于干燥地带。因为其具有蓄水的机能，在极度干燥的环境中也不会枯死，这种维持生命的能力是它的显著特征。

　　仙人掌原产地遍布整个美洲大陆，这里白天温度超过40℃，早晨却回落到0℃，它们就生存在这样昼夜温差极大的环境中。虽说很耐暑，但还是有大量品种无法忍受高湿环境，所以要尽量把它们摆放到通风的场所。

　　另外，多肉植物品种数众多，分布于世界各地，但还是以干燥地带为主要生长地。它们不仅能在热带地区生长，在高山及严寒地带也能生长。正因为它们多样化的特性，栽培方法也各不相同。为了方便培育，我们需要尽量了解其生长模式。它们大体上分为夏型种，冬型种和春秋型种。

　　夏型种是春季至秋季生长、冬季休眠的品种，会在早春至初夏之间开花。冬型种是秋季至冬季生长、夏季停止生长的品种，会在秋季开花。春秋型种只在春季和秋季生长。根据生长模式来栽培，就能培养出状态优良的多肉植物了。

仙人掌·多肉植物的分布图

多肉植物

仙人掌

园艺市场的多肉植物种类繁多,大多发源于雨水稀少的干燥地带。上图是生长在马达加斯加的一种芦荟。下图是生长在墨西哥下加利福尼亚州的仙女杯属的仙女杯和龙舌兰属的莎娃(shawii)。

29

从刺座里长出刺的仙人掌科金琥属品种金琥。仙人掌中像这样拥有美丽硬刺的品种很多。

棱上整齐排列着刺逐渐退化的刺座，这是仙人掌科星球属品种三角鸾凤玉。

带有像仙人掌一样尖锐硬刺的大戟属红彩阁。这类长刺的多肉植物，没有像仙人掌那样与刺相连的绵毛状刺座。

要点 2

多肉植物与仙人掌的区别

从刺的有无无法判断
多肉植物与仙人掌

多肉植物是营养器官的某一部分，如茎或叶用来贮藏水分，外形肥厚多汁的这类植物的总称。仙人掌也是通过多肉化的茎部贮藏水分，它是多肉植物的一种，只是历来在园艺植物的品种流通上，被当作是与多肉植物不同的类别。

仙人掌的最大特征就是有刺，这是为防范外敌而进化的。但仅根据刺的有无，是无法区分仙人掌和多肉植物的哦。因为仙人掌中有不带刺的种类，多肉植物中有带刺的种类。

比如多肉植物的大戟属和芦荟属就有带刺的品种，而仙人掌中也有类似于多肉植物的星球属的兜和三角鸾凤玉这样无刺的品种。

两者区别的重点在于刺的根部有无绵毛状的刺座，根据刺座的有无，就可大体判定其到底是仙人掌还是多肉植物。（译者注：刺座是仙人掌特有的一种器官，其实质是高度变态的短缩枝。它一般分布在茎上，但也有一些在根、花托筒、子房、果实等处，其大小和排列方式各不相同。）

要点 3

多肉植物能忍受干燥的环境

想方设法应对极端环境

很多多肉植物和仙人掌都生长在干燥的沙漠或岩石堆这些极端环境中。其原生地气候一般分为干季和雨季，它们在雨季充分吸收水分，干季则通过体内贮存的水分来应对干燥的天气环境。

几乎所有多肉植物外表都有一层防止水分蒸发的膜，而且其表皮的气孔只有其他植物几千分之一的大小，这也是为了防止水分蒸发，帮助贮存水分。另外我们发现球形仙人掌有很多，这种形状能有效减少株体表面积，抑制水分的蒸发。还有的多肉植物叶表有蜡状膜，能忍受强光，也有的叶片长有细毛，能有效收集雾中的水滴。为了应对原生地的气候环境，多肉植物的形态可谓千奇百怪，这也是进化的结果。

多肉植物和仙人掌虽说耐旱能力很强，但适当地浇水还是有必要的。一定要注意根据其生长期和休眠期的季节变化，调整浇水频率。

仙人掌在极其干燥的沙漠地带也能生长，这是因为其体内贮存了充足的水分。

高度进化的仙人掌

根据形态来了解仙人掌的进化情况

从植物进化史来看，仙人掌算比较新型的品种。它能结合残酷的自然环境而产生形态上的变异。仙人掌科植物仅原始种就有 2500 种以上，它们遍布世界各地，仍然处于进化中。

仙人掌的形态可以分为四种。第一种是叶型仙人掌类，木麒麟是其代表植物，它与树叶形状近似，叶厚且有刺，是仙人掌植物中最原始的种类。第二种团扇仙人掌类，是仙人掌科植物的第二大家族，其由于原生地的干燥环境而进化出肥厚的茎部。第三种柱形仙人掌类，它由团扇仙人掌进化而来，其茎进化成棱状从而能减少日照。第四种是最终进化的形态 —— 球形仙人掌类，球形仙人掌在减少光照的同时，也通过减少自己的表面积来尽量降低水分的蒸发。在整个仙人掌家族中，球形种类占一半以上。

可以说没有哪一科植物如仙人掌科那样形态万千。它们还有奇形怪状的茎和鲜艳的花。别看它们奇形怪状又有锐利尖刺，使人望而生畏，但开出的花却分外娇艳，花色丰富多彩。（译者注：以花取胜只是爱好者宠爱仙人掌的一个原因，而形状、颜色各异的刺丛与茸毛也受到许多爱好者的喜爱，尤其是一些具有鲜红和金黄刺丛或雪白茸毛的品种。）

在叶型仙人掌的进化过程中，叶片变成了贮存水分的茎部，进化成了团扇仙人掌。

株体表面长出凹凸的棱，可以有效减少强光照射面，这是仙人掌进化的新阶段——柱形仙人掌。

球形仙人掌通过减少表面积减轻光照，也能尽量降低水分的蒸发。这是仙人掌的终极进化形态。

瓦苇属的玉露在日光照射下，叶片像宝石一样晶莹剔透。该品种忌阳光直射，适合室内栽培。春季茎伸长后会结出白色小花，明艳可爱。

拥有透明窗的多肉植物

通过窗更好地吸收阳光

在多肉植物界拥有超高人气的瓦苇属玉露源自南非，其肉厚的圆形叶片上部呈透明状，在日光照射下像绿宝石一样精美，我们将其透明部分称为"窗"。瓦苇属的软叶系品种有的也带窗。通常根据窗的大小以及嵌入的位置，来划分不同的档次。

这些具有水晶美感的窗究竟是如何产生的呢？原来，在带窗多肉植物的生长地，整株植物的下半部都伏缩进了土壤，它们通过透明的窗获取照射到体内的充足阳光，以促进光合作用。另外因其周围覆盖了大量杂草，所以它们会先伸长茎，再在茎的顶端开出白色小花。

带窗多肉植物能够在光线不太好的环境生长，简直是弱光的克星，这也是它的魅力之一。在室内，透过窗帘的一点点光就能够满足它们的需求，但它们对于过强的光线却完全承受不了，一旦被阳光直射，叶片会发生日灼（译者注：植物受高温伤害的一种现象）而变成茶色。所以大家栽培带窗多肉植物的时候一定要留心强光。

瓦苇属多肉植物叶片上部有透光的窗，它们品种繁多，收藏起来很过瘾。

33

要点 6

像石头一样的圆形多肉植物

通过脱皮来生长的不可思议的生物

在不断进化的植物里，有一种长相酷似石头的奇妙多肉植物。这些番杏科的圆形多肉植物以前被归为日中花属，现在被系统地划分为生石花属、肉锥花属、虾蚶花属、风铃玉属、凤卵草属、宝锭草属等，它们都发源于非洲大陆。

它们像石头一样埋在地上，能避免强光直射，也能防止小动物掠食，拟态成石头就是它们的生存之道。生石花属多肉植物的顶部还带着窗，其呈现保护色并嵌有美丽纹理，观赏性很高，被称为"活宝石"。因为生石花属多肉植物的颜色和纹理实在太有意思，勾起了众多多肉植物玩家的收藏欲，所以人气一直居高不下。

圆形多肉植物大多只有一对叶片和短小的茎，其中用于贮存水分的叶片占据了大部分植株，因此不会发生叶片枯萎掉落的现象。通常它们会生出新叶，新叶吸收旧叶的养分后，就会缓慢地开始脱皮。如此不可思议的生长过程，让人沉浸在它们的魅力之中难以自拔。

拥有丰富色彩和纹理的高人气生石花属多肉植物，生出新叶后开始脱皮。

番杏科无比的玉圆形叶片上覆盖着一层细毛。它属于冬型种，秋季至次年春季生长，夏季休眠。

凤卵草属紫帝玉生有一对肉厚的叶片，这是它的主要特征。它会开出大朵橙黄色花，属于冬型种。

（左上）星球属琉璃斑锦的淡黄色大花。斑锦是因植株内的绿色素被其他色素替代而产生的变异。

（右上）乳突球属雷云丸会开出许多紫红色的小花。

（左下）景天属薄化妆初春会伸出花茎，开出黄色的花。

（右下）生石花属日轮玉的花。大多数生石花属多肉植物都在秋季开花，以黄色和白色居多。

要点 7

能开出绚丽花朵的多肉植物

> **在花季时绽放鲜艳花朵也是多肉植物的独特魅力**

多肉植物和仙人掌如果栽培得好的话，大多数品种都能开出美丽的花。

仙人掌主要分为以刺为美、以形为美和以花为美三种大众喜爱的类型，特别是仙人球属和丽花球属等品种，其以"花仙人掌"闻名于世。有些人也会改良花仙人掌以培育成美花仙人掌。

多肉植物露子花属和虾蚶花属等以花为特色，被称为"花多肉"。能开出鲜艳花朵的多肉植物还有很多，还有一些品种能开出绒状花，或形态完全不同于一般花朵的花。

不论是谁，看到仙人掌和多肉植物的美丽花朵，会瞬间被治愈。这些花不仅可欣赏，还是培育得当的证明，能够检验栽培的真功夫。栽培高手还会在同种类植物之间人工授粉取种，再从种子开始培育幼苗。

PART 3

多肉植物图鉴
Succulent plants catalog

现有多肉植物数不胜数，面对残酷的自然环境，它们表现了异常顽强的生命力，也展现出多样的造型和色彩。我们每个人都在寻找属于自己的多肉植物，一旦认准了心头之好，就该好好了解它的特征，这是培育的重中之重。

■ 图鉴的参考方法

根据多肉植物的属名进行分类，解说各个品种的特征和栽培方法。按字母顺序排列。

属名是具有亲缘关系的植物品种的统称，相似的植物个体归为同一种，相近的种归为同一属，相近的属又归为同一科。我们不仅需要了解多肉植物和仙人掌的品种名称和通用名称，记住属名对栽培也是很有帮助的哦。

下面我们将具体介绍多肉植物品种，包括通用名称(品种名称)和学名及其生长发育的特征。

■ 资料的参考方法

○科名……属对应的科名
○原产地……主要发源地
○生长期……生长的主要季节
○浇水……不同季节浇水的基准
○根的大小……根的类型
○难易度……栽培难易度

★越少越容易，★越多越难

天章属

Adromischus

资　料	
科　名	景天科
原产地	南非
生长期	春、秋季
浇　水	春季和秋季每周一次,冬季和夏季每三周一次
根的大小	细根型
难易度	★★☆☆☆

　　天章属多肉植物造型非常奇特，连叶片上的纹理也很有个性，它的形状和颜色会根据栽培环境而发生变化。品种丰富，在收藏界有很高的人气。

　　如果摆放在日照和通风良好的场所，栽培比较容易。该属多肉植物春秋两季生长，夏季休眠。算比较耐寒的品种，炎热的夏季需避开阳光直射，盛夏时最好摆放到室内的窗边，通过窗帘遮住20%~30%的光线，在半阴的状态下静养，夏季要严格控制浇水。

　　天章属有芽插和叶插两种简单的繁殖方式，推荐初秋进行繁殖，移栽也适合在初秋进行。

▌ 库珀天锦章
Adromischus cooperi

　　肥厚叶片上缘呈波浪状，带有紫红色斑点的纹理。除了基本种，也有植株矮小、圆筒形叶片的类型，或叶色发白的白皮品种等。(译者注: 库珀天锦章多生长在日照充足和凉爽干燥的环境中，在半阴处也能正常生长，过于阴蔽植株会生长不良。叶形奇特，色彩别致，株型小，根系较浅，宜用小而浅的花盆栽种。)

▌ 天章
Adromischus.cristatus

　　亮绿色的叶片呈鼓槌状，没有斑纹，叶片上缘呈波浪状。有趣的是，生长时茎部容易被密生的气根包住。(译者注: 植株矮小，需要接受充足日照叶色才会艳丽可人，株型才会更紧实美观。日照太少则叶色浅，叶片排列松散拉长。)

长叶天章
Adromischus filicaulis

叶尖呈长棱筒状，带有铜色斑纹。长叶天章多肉植物也有叶片呈银色或绿色的类型，色彩变化很丰富。

玛丽安
Adromischus marianae

具有与长叶天章相似的叶形，是带红色斑点的美丽品种。斑纹的形状和颜色因个体栽培环境不同而不同。

松虫
Adromischus hemisphaericus

茎的下部呈块根状，能长出许多圆鼓鼓的钱币形叶片，因此又名金钱章。绿色的叶片上带有松虫特有的斑纹。（译者注：长大后的植株会形成粗大的木质茎，容易长侧枝，群生的松虫非常漂亮。）

御所锦
Adromischus maculates

长有深色斑纹的美丽品种。较薄的钱币型叶片是它的主要特征。斑纹细而色调浓的品种被称为黑叶御所锦。（译者注：喜欢日照充足的环境，无明显休眠期。）

莲花掌属

Aeonium

资　料	
科　名	景天科
原产地	加那利群岛、北非等地区
生长期	冬季
浇　水	秋季至次年春季每周一次，夏季每月一次
根的大小	细根型
难易度	★★☆☆☆

茎的顶端长着密集重叠的肉质叶，是以莲座状叶片为主要特征的多肉植物。因品种的不同而产生叶片色彩和形状的变化。生长速度较快，新老叶片交换迅速，枝干生长速度也快，大多数品种容易长成树状，可以栽培成体积大的植株。

莲花掌属是生长期从秋季至次年春季的冬型种。放在日照充足的场所栽培可以生长得很大。不适应极端高温、高湿或低温的环境，夏季要摆放在凉爽通风的场所，冬季最好摆放在光照充足的窗边管理。夏季要节制浇水。冬季光照不足的情况下，容易徒长，进一步恶化会造成叶片散乱，丧失原本的形态。徒长的植物可以通过顶芽插来更替，栽种时间最好选择在秋季中期，或早春时节。

▌黑法师
Aeonium arboreum 'Atropurpureum'

黑法师富有光泽的黑色叶片深受玩家的欢迎。厚重的叶片聚合成花形，酷似盛开的墨菊。（译者注：它可以长成茎高1米左右的大株。）春季开出黄色的花，适合放在日照充足的阴凉环境进行管理。

▌艳日伞
Aeonium arboreum f.*variegata*

有与黑法师截然相反的淡色系叶片，质感和造型酷似黑法师。几乎所有的叶片都带有绿色斑锦，如果斑锦过多则生长变得迟缓。

▌曝日
Aeonium urbicum 'Variegatum'

　　叶缘有鲜艳黄色斑纹的大型品种。春、秋两季生长,生长期内变成红叶时更是美不胜收。夏季能开出淡绿色的花。

▌明镜
Aeonium tabulaeforme

　　叶片有细毛,全部由中心向四周水平辐射重叠生长,整个叶盘平齐如镜,没有一丝空隙,是莲花掌属里形状奇特的品种。植株低矮,叶盘最大直径可达30厘米。

▌山地玫瑰
Aeonium Aureum

　　淡绿色叶片的小型莲花掌属多肉植物。肉质叶呈莲座状排列,中心部分的叶片紧紧包裹在一起,株型酷似含苞欲放的玫瑰花。度夏会稍微麻烦点,夏季要摆放在阴凉的环境管理。

▌桑得思（音译）
Aeonium saundersii

　　像灌木一样的多肉植物,肉质叶分布在茎干顶端,排列成莲座状。枝干会分叉生长,木质化的同时还会长出气根。（译者注: 气根也叫支持根,是由植物茎节上长出的一种具有支持作用的变态根。）

龙舌兰属

Agave

资　　料	
科　　名	百合科（龙舌兰科）
原 产 地	南非、中美洲
生 长 期	夏季
浇　　水	春季至秋季每两周一次,冬季每月一次
根的大小	粗大型
难 易 度	★☆☆☆☆

叶缘和尖端有刺，每个品种都有不同斑纹，生长的形态也各不相同。既耐寒又耐暑，栽培起来很容易。放在日照好，稍微偏干燥点的环境下栽培最适宜。龙舌兰属多肉植物是生长期从春季到秋季的夏型种，春季可以利用子株进行分株繁殖。

▌笹之雪
Agave victoriae-reginae

叶片顶端长着锐利的刺，拥有白色纵线纹理。根据个体的不同，线条的形状和颜色也有差别。通过长期栽培能够生长成气派的大株，图中为小苗。

▌吹上
Agave stricta

尖细叶片呈放射状散开。原产墨西哥，喜欢通风干燥和日照充足的环境，怕积水。尽可能摆放在淋不到雨的通风场所栽培。

▌姬乱雪
Agave parviflora

叶片上会长出白色丝状的刺是其主要特征。叶面有不规则的白色纵线纹理。下垂的白丝非常美丽，其生长变化的过程也很值得玩味。图中为小苗。（译者注：龙舌兰属中的珍稀种类，目前被列为一级保护植物。）

芦荟属

Aloe

资　料	
科　名	百合科（日光兰科）
原产地	南非
生长期	夏季
浇　水	春季至秋季每两周一次，冬季每月一次
根的大小	粗大型
难易度	★☆☆☆☆

　　富含水分的肉厚叶片呈莲座状生长。品种从小型到大型都有，耐寒、耐暑能力强，适合入门级玩家栽培。生长期从春季至秋季，冬季基本上不需要浇水。主要以分株或芽插的方式进行繁殖。

▌大宫人
▌*Aloe greatheadii*

　　原产西南非的稀有品种，带有白色斑点的三角形叶片是它的主要特征，即使寒冷的天气也可以放在室外栽培。可摘除茎部顶端的生长点（如顶芽）以促进子株的生长，再通过分株的方式来繁殖。

▌大羽锦
▌*Aloe suprafoliata*

　　叶片朝两个不同方向重叠生长的中型品种。值得注意的是，如果浇水过多或施肥过多，会导致叶片呈螺旋状杂乱生长。

▌白狐
▌*Aloe rauhii* var. 'White Fox'

　　嵌入了无数美丽白斑的小型芦荟品种。春季至秋季期间适合摆放在光照充足的场所，冬季最好放在明亮的室内管理。春天会开出橙色的花。

回欢草属
Anacampseros

资　料

科　名	马齿苋科
原产地	南非
生长期	春、秋季
浇　水	春季和秋季每周一次,冬夏每三周一次
根的大小	细根型
难易度	★★★☆☆

　　马齿苋科多肉植物以小型品种居多,生长速度缓慢。它们对于寒冷和炎热的环境都有比较好的适应能力,不过非常畏惧盛夏的闷热多湿环境,所以夏季一定要摆放在通风良好的场所。除了盛夏和严冬,其他季节只要土壤一干,马上浇水就可以。

▌吹雪之松锦
Anacampseros rufescens f.variegata

　　美丽的变异品种,又名春梦殿锦。拥有粉红色和黄色相间的鲜艳叶片。它的特点是叶片之间会长出茸毛。

碧玉属
Antegibbaeum

资　料

科　名	番杏科
原产地	南非
生长期	冬季
浇　水	秋季至次年春季每周一次,夏季每月一次
根的大小	细根型
难易度	★★☆☆☆

　　以柔软肉厚的叶片为主要特征的番杏科种类,原产于南非,生长在干燥的沙粒土壤中,生长期从秋季开始至次年春季结束,是典型的冬型种。碧玉属是番杏科中很好养的类型,冬季要摆放在温度为0℃以上的环境里,夏季控制浇水。

▌碧玉
Antegibbaeum Fissoides

　　一种精致的开花类番杏科植物,初春时会开出大量紫红色花。栽培时要注意日照和通风。夏季避免阳光直射,如果摆在室外,最好进行遮光管理。

松塔掌属

Astroloba

资　料

科　　名	百合科（日光兰科）
原 产 地	南非
生 长 期	春、秋季
浇　　水	春、秋两季每周一次,夏季每三周一次
根的类型	粗大型
难 易 度	★★☆☆☆

　　松塔掌属约有15个品种，是原产于南非的多肉植物。它与瓦苇属硬叶系品种类似，不管哪一种都呈现小塔形的外观特征。生长期在春、秋两季，休眠期需要严格控水。与瓦苇属一样，请尽量避开强烈的直射阳光栽培。

▌比卡雷娜（音译）
Astroloba bicarinata

　　深绿色的叶片坚硬且顶端尖锐，看起来像一个个三角形重叠生长在一起。生长到一定阶段时，母株根部会生出子株，这时可以采用分株的方法来繁殖。

吊灯花属

Ceropegia

资　料

科　　名	萝藦科
原 产 地	南非、亚洲热带地区
生 长 期	春、秋季
浇　　水	春、秋两季每周一次,夏季每三周一次
根的大小	块根型
难 易 度	★★☆☆☆

　　多数品种拥有藤蔓状的棍状茎，形态各异。代表品种是拥有心形叶片且具有攀缘性的爱之蔓。具有细长叶片的狭叶吊金钱也是此属植物。攀缘性的品种最好作吊盆悬挂或置于架上，使茎蔓绕盆下垂，姿态轻盈。生长期一般在春、秋两季。应摆放在日照充足且通风良好的场所进行管理。

▌爱之蔓锦
Ceropegia woodii f.variegata

　　心形的叶片具有独特魅力，叶片表面带有美丽斑纹。夏季会开筒状小花，除了芽插和分株，还可以通过零余子（译者注：即叶腋处长出的圆形块茎）繁殖。直接将长有零余子的枝条剪下，浅埋入土壤中即可。

虾蚶花属

Cheiredopsis

资　料	
科　　名	番杏科
原 产 地	南非等地区
生 长 期	冬季
浇　　水	秋季至次年春季每两周一次,夏季断水
根的大小	细根型
难 易 度	★★★★★

　　富含水分、多肉属性非常强烈的番杏科种类。番杏科用于观赏的品种在日本被统称为"女仙",大部分番杏科多肉植物都曾被划分为女仙属。日本玩家认为如果有刺的仙人掌象征男性,那与之对应,带有水灵少女气质的多肉植物应该有一个温柔的名字。

　　目前已知的虾蚶花属多肉植物约100种,它们具有半圆形或细长圆柱形的叶片,属于秋季至次年春季生长的冬型种。基本从梅雨季开始至8月间都要中断浇水,避免阳光直射。因为非常不适应潮湿的环境,即使摆放在通风的场所也要多加留意。初秋会开始脱皮并长出新叶。

▌布朗尼（音译）
Cheiridopsis brownie

　　从根部直接生长出一对肥厚的叶片。从冬季到次年初春,会一直开黄色的鲜艳花。脱皮的时候要控制浇水,摆放在阴凉场所管理。

▌神风玉
Cheiridopsis pillansii

　　淡绿色的肥厚叶片看上去非常可爱,冬季会开出直径约5厘米的淡黄色花,也有桃色、红色、白色等不同花色的园艺品种。栽培稍微有点难,即使在夏季,也有必要少量浇水来补充水分。

翔凤
Cheiridopsis peculiaris

　　下端叶片大，像翅膀一样展开，两个大叶片的中心又长出圆形的对生叶。秋季至冬季会开花，花从两叶的中心开出。（译者注：一般每株只开一朵柠檬黄色的花，直径为3~5厘米，群生的翔凤开花非常壮观。）

响
Cheiridopsis carinata

　　响的细长叶片披着一层白色粉末，可以开出白色的花。如果在室内栽培的话，要在通风的环境下管理。

慈晃锦
Cheiridopsis candidissima

　　长叶型品种，状态好的话能够繁殖出很多子株。这个属种的多肉植物实际繁殖能力一般，但长成大株后可进行分株繁殖。

特比娜（音译）
Cheiridopsis turbinata

　　叶片尖而细长的品种。在虾蛄花属植物里，长叶型品种比半圆形叶型的容易栽培，生长也更快一些。

肉锥花属

Conophytum

资　　料	
科　　名	番杏科
原 产 地	南非
生 长 期	冬季
浇　　水	秋季至次年春季每一至两周一次,夏季断水
根的大小	细根型
难 易 度	★★★★★

　　番杏科多肉植物的代表类型,品种非常丰富,拥有绚丽的色彩和多样的外形,花也十分漂亮。根上直接长有一对肉质对生叶,叶片有球形、足袋形、鞍形、碗形,剪刀形等。颜色通常为暗绿、翠绿、黄绿等,有些品种还有花纹或斑点。它们每个品种的透明度和纹理的色彩都不相同,可谓拥有千姿百态的"表情"。

　　生长期从秋季至次年春季,夏季休眠。初秋脱皮,以分株的方式繁殖。大约5月份的时候,叶片开始萎缩,为脱皮做准备。生长期要放在日照充足的场所管理,每1~2周浇一次水,浇水时要浇透。休眠期转移到明亮通风的阴凉场所。初夏开始逐渐减少浇水次数,直至完全断水。翻盆最好在初秋进行,一般2~3年翻盆一次即可。进行芽插繁殖时,记得给切取下的芽苗稍微留点根,等切口处干燥2~3天后再进行。

❮ 寂光
Conophytum frutescens

　　外形浑圆且呈足袋形的肉锥品种。初夏会开出橙色的花,是花期很早的品种。比起其他品种,它在生长期内需要稍干燥一些的环境,培育时需要少一些水分。

❮ 冉空
Conophytum marnierianum

　　冉空为细长足袋形的小型品种。因为是杂交种,所以算是好养的类型。秋季会开橙色的花,十分悦目。

青春玉
Conophytum odoratum

　　饱满浑圆的样子看起来十分可爱。通体呈灰绿色，表面带着斑点纹理。鲜艳的粉色花一般在夜晚开放。

奥薇普萨（音译）
Conophytum ovipressum

　　叶片外观呈小球形，叶腋下会长出大量新叶，叶片表面带有浓绿色的斑点。伴随着生长发育，最后会形成密密麻麻的群生状态。

小槌
Conophytum wettsteinii

　　上部扁平、下部浑圆的碗形多肉植物。球径为2~4厘米。秋季开花，属于昼开型品种，能开出淡紫色的大花，也有一些是黄色花。（译者注：夏季休眠，其他季节生长。脱皮期比生石花晚，时间较长，这时可以多晒太阳。）

安珍
Conophytum Wittebergense

　　小碗形的生石花属多肉植物。叶片的顶端带有浓紫色的复杂纹理，纹理清晰而深刻。模样古怪可爱，会在晚秋开出淡黄色的花。

大纳言
Conophytum pauxillum

　　叶片顶端有一些天生的印迹，通体呈紫红色。叶片上有浓艳的紫色斑点，且点连着点形成线状。夜间能开出白色的花。

勋章玉
Conophytum pellucidum

　　褐色的表皮混杂着紫色，是外表呈鞍形的小型品种。对生的叶片顶端是平的。秋季会开出白色的花。（译者注：是非常罕见的带有深色窗的品种。）

毛风铃玉
Conophytum devium ssp. *stiriiferum*

　　叶片分成两瓣，顶部形成透明的窗。其他多肉植物的窗看起来是平滑的，但毛风铃玉的窗表面带有颗粒状的质感，这也是它的特别之处。

克莉丝汀娜（音译）
Conophytum christiansenianum

　　大的叶片生长成足袋形，水灵灵的柔软质感是它的魅力所在。秋季会开黄色的花。畏惧湿热，夏季时需特别注意栽培环境。

银波锦属

Cotyledon

资　料	
科　名	景天科
原产地	南非
生长期	夏季
浇　水	春季至秋季每周一次，冬季每月一次
根的类型	细根型
难易度	★★★☆☆

　　银波锦属肉质的叶片拥有丰富的个性变化，有的到了冬季会变色，有的表面覆盖着白色粉末，有的长有细毛，有的看起来非常有光泽感。大多数银波锦属植物都呈灌木状直立生长，其茎的下部会逐渐木质化。

　　生长期从春季到秋季，喜欢日照充足和通风良好的场所。盛夏时一定要避免阳光直射，应摆放在半阴的环境中管理。如果株体强健的话，也可以放在室外栽培，但严冬季节要转移到光照好的室内。冬季

休眠期要严控浇水，但不要断水，一旦叶片有点起皱，就可以浇水。浇水时务必注意，覆盖着白色粉末的叶片是绝对不能沾到水的。不适合叶插繁殖，推荐初春时进行枝插。在修剪植物时，可以把修剪下来的茎用作扦插（译者注：此属要求经常修剪，生长得过于茂盛会导致造型不平衡，扦插宜选取生长健壮并带叶片的茎，长短要求不严，扦插前晾1~2天，然后插于沙土或蛭石中，保持土壤稍有潮气，就很容易生根）。

▌熊童子
Cotyledon ladismithiensis

　　肥厚的叶片看起来如初生小熊的脚掌般可爱。黄绿色的叶片表面覆盖着茸毛，叶片前端有小小的红色"爪子"。不适合生长在高温、高湿的环境，所以夏季时要慎重选择摆放的场所。

▌子猫之爪
Cotyledon ladismithiensis f. 'Konekonotsume'

　　外形与熊童子相似，但是其叶片前端的凸起少一些，叶片形状也更细长一些，看起来更像小猫的爪子，所以被称为子猫之爪。盛夏和冬季都要严控浇水。

嫁入娘
Cotyledon orbiculata cv.

　　叶片表面披着一层白色粉末，泛白的叶片是其主要特征。（译者注：叶片呈勺形，植株为直立的肉质灌木，能长高。初夏开橙色花，花蕾看起来如同挂着的小辣椒。）叶片的顶端边缘为红色，红叶期整个株体都会变红。

帕皮拉瑞斯（音译）
Cotyledon papilaris

　　椭圆形的叶片富有光泽，叶片边缘为鲜艳的红色。株体不会长很高，群生后可以欣赏到大量红花一起开放的美丽场景。花期为春天到初夏期间。

旭波锦
Cotyledon orbiculata

　　扇形叶片的顶端边缘像裙摆一样呈波浪形，是一种十分华丽的银波锦属多肉植物。叶片的表面覆盖着一层白色粉末，浇水时注意千万不能让其沾到水。

福娘
Cotyledon orbiculata var.*oophylla*

　　叶片呈纺锤形，覆盖着白色粉末，叶尖和叶缘为红褐色。初夏至秋季花茎会伸长，开出橘红色的花，小花像佛钟的形状，团簇悬垂。

青锁龙属

Cotyledon

资　　料	
科　　名	景天科
原 产 地	非洲南部与东部
生 长 期	夏、冬季
浇　　水	生长期内一至两周一次,休眠期内严控浇水
根的大小	细根型
难 易 度	★★☆☆☆

　　青锁龙属盛产各种形态的品种，其中有些品种一点都不像植物，绝对是极具人气又富有魅力的一大族群。

　　需要注意的是，青锁龙属根据品种的不同，其生长期也相应不同，大体上分为夏型种，冬型种和春秋型种三类。夏型种主要是大型品种，冬型种多为小型多肉品种，基本都要摆放在日照充足和通风良好的场所栽培。特别是夏季休眠的冬型种和秋冬型种，对于夏季的高温、高湿环境非常不适应，需要避开阳光直射，摆放在明亮通风的场所。夏型种就算放在室外淋雨都没有关系，但像神刀和吕千惠等叶片覆盖着白色粉末的品种，雨水会污染它们的叶片造成腐蚀现象，所以这些品种一定要避免叶表接触水。

▶ 星乙女
Crassula perforata

　　三角形对生的叶片看起来像星星一样。星乙女是春秋型品种，冬季干燥期会变成红色。不喜欢夏季潮湿的环境，要避开雨水放在通风的场所。通过芽插就能繁殖。

▶ 南十字星
Crassula perforata var.*variegate*

　　小小的三角形叶片串连在一起呈纵向生长。因为分枝比较困难，所以通过群生之后再进行芽插繁殖为好。春秋型品种，盛夏要摆放在半阴的环境中管理。

火祭
Crassula 'Himaturi'

从叶尖开始变红，看起来像火焰一样。如果气温降低，红色的面积会更多。为了能欣赏到绚丽的红叶，一定要严格控制浇水和施肥。保持充足的日照是使叶色红艳的秘诀。

姬花月
Crassula ovata 'Himekagetsu'

由金成木改良而成的园艺品种，它的特征是叶片带有浓烈的红色。姬花月是春季至秋季生长的夏型种，容易栽培也是它的魅力之一。

舞乙女
Crassula rupestris

形态与星乙女很像，肥厚的叶片前端呈圆形，是春季和秋季生长的品种。夏季要避免被雨淋到，摆放在通风的场所管理。

巴
Crassula hemisphaerica

这种莲座状的青锁龙品种，叶片顶端为椭圆形尖头，全缘有白色茸毛，基部易生侧芽。株体不太会长高，会呈放射状向四周生长。巴是整株直径为4~5厘米的小型种，生长期为秋季至次年春季。

吕千惠
Crassula 'Morgan's Beauty'

贝壳状的灰绿色叶片重叠生长在一起。（译者注：肉质叶片表面宽厚且有磨砂质感。）春季和秋季为生长期。因为下部的叶片很容易腐烂，所以要避免积水。春季会开出红色花。

神刀
Crassula falcata

刀型的叶片左右交互生长。长成大株后叶腋下会长出子株。耐寒性比较弱，冬季要摆放在日照充足的室内管理。（译者注：整株布满细微的白色茸毛，浇水时应注意不要残留水分于植株表面。）

龙宫城
Crassula 'Ivory Pagoda'

青锁龙属里的中小型园艺品种。叶片扁而微皱，重叠生长，整个叶片布满凸起的半透明状细毛。夏季难以应对闷热环境，最好摆放在通风良好的环境里，严格控水。

方塔
Crassula 'Budda's Temple'

神刀和绿塔的交配品种。三角形的叶片密集向上重叠生长。（译者注：叶表粗糙有颗粒，植株在俯视时呈正方形，侧看像一座塔。）生长期为春季至秋季。春季植株底部会生长出大量子株。

55

▌蔓莲华
Crassula orbiculata

　　莲座状的叶片色彩鲜艳，让人过目不忘。植株基部容易生出大量匍匐茎，是茎上能长出子株的品种。繁殖方法很简单，只需移栽子株就可以。

▌克拉夫
Crassula clavata

　　原产于南非的小型品种，肥厚的红色叶片是它的显著特征。日照不足的时候叶片会变成绿色。在寒冷的冬季，如果能予以充足的光照，保持相对干燥的栽培环境，叶色会变得很绚丽。

▌姬星公主
Crassula ernestii

　　生长着无数小叶片的青锁龙属多肉植物。春季至秋季为生长期，非常容易群生。若在日照充足的环境下培育，到了冬季干燥时期就能欣赏到美丽的红叶。春天会开出白色的小花。

▌红稚儿
Crassula radicans

　　灌木一样直立生长的小型品种，春季至秋季生长的夏型种。圆嘟嘟的小叶片密集交互对生。在日照充足的秋季，叶片会变为火红色，并能开出带有很长花剑的可爱白色小花。

▌ 银箭
Crassula mesembrianthoides

有着与其他青锁龙属多肉植物不一样的生长姿态。鲜艳的绿色叶片为香蕉形，上面密密麻麻地生长着一层白色茸毛。银箭是状态稳定的多肉植物，比较容易栽培。

▌ 若绿
Crassula muscosa var.

细长的叶片呈带状重叠生长。若绿属于夏型种，日照不足时会徒长，导致枝叶下垂。春季至夏季可摘掉顶芽促进腋芽生长，让植株变得茂盛。

▌ 锦乙女
Crassula sarmentosa

绿色的叶片带有黄色的斑锦，其边缘呈锯齿状。干燥季节叶片边缘会稍稍变成粉红色。因为锦乙女不胜严寒，所以冬季需要放在室内管理。

▌ 桃源乡
Crassula tetragona

细长的叶片像灌木一样竖立生长。因为状态稳定，所以栽培起来比较容易。桃源乡是夏型种。当日照不足时容易徒长，叶色也会变得不好看。注意需要摆放在日照充足的环境里。

仙女杯属

Dudleya

资 料

科 名	景天科
原产地	中美洲
生长期	冬季
浇 水	春季至秋季每两周一次,冬季每月一次
根的大小	细根型
难易度	★★☆☆☆

原产于加利福尼亚半岛至墨西哥地区的多肉植物,约有40个品种。大多数品种叶片呈莲座状,叶表覆盖白色粉末,摸起来有磨砂质感。因为它们的原生地气候极度干燥,所以非常难以适应多湿的环境,栽培时注意保持通风。

▌拇指仙女杯
▶ *Dudleya pachyphytum*

肥厚的叶片上覆盖着一层白色粉末的中型品种。叶片绝对不能沾到水,应摆放在日照充足的场所栽培。

雀舌兰属

Dyckia

资 料

科 名	凤梨科
原产地	南美洲
生长期	夏季
浇 水	秋季至次年春季每周一次,夏季每月一次
根的大小	粗大型
难易度	★★★☆☆

原产于南美洲干燥的山岭地带,它颇具观赏性的造型和锐利的刺,有着让人无法忽视的独特个性。一般情况下能够抵抗炎热的天气,即使是酷暑也能安然度过。比较耐寒,断水后保持环境干燥,能够忍受0℃以上的低温环境。注意给予足够的日照。

▌玛尼拉 (音译)
▶ *Dyckia marnier-lapostollei*

叶片上覆盖着浓厚白色粉末的人气品种。图中是锯叶长,鳞片多的类型。全年最好摆放在日照充足的场所管理,即使遭遇盛夏的强光也不会发生叶片灼伤。

拟石莲花属

Echeveria

资　料	
科　名	景天科
原产地	中美洲
生长期	春秋季
浇　水	春季和秋季每周一次, 夏季每三周一次, 冬季每月一次
根的大小	细根型
难易度	★★☆☆☆

　　莲座状的叶片长得很像蔷薇花, 是令人赏心悦目的美丽多肉植物。以墨西哥为中心, 有100种以上原生品种, 而此属的杂交品种和园艺品种也层出不穷。植株的个头差异比较大, 有直径3厘米的小型品种, 也有直径达40厘米的大型品种。叶片有红色、绿色、黑色、白色、蓝色等, 颜色极富变化。不管是花季还是秋季红叶的时候都美不胜收, 确实是常见的人气族群。

　　拟石莲花属的生长期为春季和秋季, 栽培时要保持充足日照和良好通风。它们对夏季高温难以消受, 应对冬季低温的能力也很弱。在合适的环境下更能长成紧凑精致的株形。如果生长得很旺盛, 初春时最好移栽到大一点的花盆中。通过叶插或芽插就能实现繁殖。(译者注: 拟石莲花属、风车草属和仙女杯属非常相似, 有时很难从外表辨别。这里告诉大家一些辨别方法, 拟石莲花属的叶片能繁殖出新苗, 仙女杯属的则不会; 拟石莲花属的花不能完全打开, 呈吊钟状, 而风车草属的却能完全打开, 呈五角星状。)

▌雪莲
Echeveria laui

　　披着一层白色粉末的叶片看起来呈蓝白色, 叶片肥厚圆润, 是拟石莲花属夺人眼球的人气品种。耐暑能力很弱, 夏季最好摆放到半阴且通风的场所管理。

▌皮氏石莲
Echeveria peacockii var.*subsessilis*

　　蓝绿色的叶片表面披着白色粉末, 是叶尖处带粉色的中型品种。初夏会长出花剑, 开橙黄色的花, 是容易培育的多肉植物。

广寒宫
Echeveria cante

被称为"拟石莲花中的女王"，是莲座能够生长到直径30厘米的大型品种。叶片通体披着白色粉末，叶缘带有粉色。秋季至冬季时，叶缘的粉色会加深。

厚叶月影
Echeveria elegans var.*Albicans*

直径约5厘米，肥厚的小叶片覆盖着白色粉末，密集生长，常年呈青蓝色。比起其他品种，更需要干燥一些的培育环境。

魅惑之宵
Echeveria agavoides var.*Corderoyi*

冬云的变种，尖端锐利的叶片带有红色的边，是以此红边闻名的人气品种。魅惑之宵可生长到直径30厘米左右。耐寒能力比较强，是拟石莲花属植物里容易培育的品种。

古紫
Echeveria affinis

这种精致的拟石莲花拥有深紫色的叶片。日照不足的情况下叶色会变淡。古紫的花剑会生长到15厘米左右，会开出大红色的花。

吉娃娃
Echeveria chihuahuaensis

    莲座直径约10厘米的中型品种,肥厚的黄绿色叶片上覆盖着白色粉末,是叶尖带着淡粉色的可爱植物。开出的花是橙色的。

静夜
Echeveria derenbergii

    叶片紧密团簇在一起的美丽小型品种,直径为4~5厘米。蓝绿色的叶片上覆盖着白色粉末,初夏时会长出花剑,开橙色的花,夏季要避免闷热潮湿的环境。

丽娜莲
Echeveria lilacina

    叶片披着白色粉末,叶面宽阔。(译者注:其白色的叶片边缘呈美丽的粉色,并具有明显的波浪状。)莲座直径可达20厘米,与其他叶片有白色粉末的品种一样,叶片千万不能沾到水。初夏开花。

姬莲
Echeveria minima

    蓝绿色的叶片排列成莲座状,聚集群生。叶尖和叶缘都呈玫瑰红色。是直径约5厘米的微小型品种,会长出短小的花剑,开橙色的花。

花月夜
Echeveria pulidonis

肥厚的叶片边缘呈红色的小型品种，直径可以生长到10厘米左右。为了维持叶片的色彩，全年最好摆放在日照充足的场所管理。

蓝宝石
Echeveria subcorymbosa

拥有鲜嫩肉质叶片的美丽多肉品种，(译者注: 叶片呈蓝绿色，叶表有细小的白色纹理)。会从株体底部长出大量子株，易群生。群生后的造型十分好看。

钢叶莲
Echeveria subrigida

叶表覆盖着白色粉末，叶缘带红色的大型品种，可以生长到直径约40厘米的大小，通常用叶插繁殖比较困难，但可以用带着花剑的小叶或者实生来繁殖。(译者注: 实生是由种子繁殖成的株体，其相比叶插与芽插的株体，株型要完整得多。)

黑爪
Echeveria cuspidata var.*Zaragozae*

拥有肥厚叶片的小型品种，叶片有短型和细长型。叶片尖端带有颜色，我们称这种带色的叶尖为"爪"，爪的颜色常见有大红色和黑色。

粉红台阁
Echeveria runyoni

宽阔的叶片上覆盖着白色粉末，莲座的直径可达10厘米左右，算是体形较大的品种。初夏时开花，呈浓艳的橙色。既有变种也有园艺品种。

大和锦
Echeveria purpusorum

从根部开始重叠生长出三角形的叶片，团簇成美丽的莲座状。叶色灰绿，有紫红色的斑点。是自古以来备受欢迎的人气品种。

晚霞之舞
Echeveria shaviana 'Pink Frills'

晚霞之舞的英文名字为"Pink Frills"，其叶片表面覆盖着白色粉末，叶片粉色的边缘像裙摆的褶皱，开淡粉色的花。夏季要除去株体下部枯死的叶片，尽量放在阳光直射不到的场所。

银明色
Echeveria carnicolor

有着与其他拟石莲花属品种截然不同的气质。叶片分为黄绿色和淡红色，叶表覆盖着白色粉末。莲座直径约8厘米。花的下部呈粉色，上部呈淡橙色。

卡罗拉·布兰迪
Echeveria colorata var. *brandtii*

卡罗拉的变种，是会变成红叶的美丽品种，叶片比基本种更细长。如果保持在日照充足的环境下栽培，一遇到降温的天气，叶片颜色就会变红。

锦司晃
Echeveria setosa

绿色的叶片表面生长着一层茸毛的小型品种。不适应高温多湿的环境，夏季应当避开阳光直射，放在通风的场所培育。

红晃星
Echeveria 'Pulv-oliver'

绿色的叶片边缘呈亮眼的红色，是很有人气的品种，茎像灌木一样会分枝生长。（译者注：盛夏休眠期注意通风遮阳，否则可能会因根部腐烂造成叶片萎缩、脱落。在半阴处能正常生长，但叶缘及叶端的红色会减退，甚至消失。）开花后深受玩家喜爱。

杜里万莲
Echeveria tolimanensis

莲座直径约10厘米的小型品种，披着白色粉末的肥厚叶片呈长纺锤形。培育时注意尽量摆放在通风的场所，浇水的时候不要让叶片沾到水。

雪锦星
Echeveria pulvinata 'Frosty'

锦晃星的白叶变种。肥厚的叶片上覆盖着一层细毛，像灌木一样直立生长。非常不适应夏季炎热的环境，所以夏季务必要避免阳光直射，摆放到阴凉处。

雨滴
Echeveria 'RainDrops'

叶表有雨滴形状的瘤，是可以发育到直径20厘米以上的大型品种。红叶季节整个植株的红色面积也会增大，培育法与晚霞之舞相似，要避免夏季阳光的直射。

高砂之翁
Echeveria 'Big Red'

红色叶片莲座状密集排列，直径可达30厘米。根据季节变换叶色。(译者注：强光照射与昼夜温差大或冬季低温期时叶色会变成深红。)图中是该品种的小苗。

特玉莲
Echeveria runyonii 'Topsy Turvy'

鲁氏石莲的变异品种。(译者注：生长速度惊人，喜欢温暖干燥和通风的环境，无明显休眠期。表面附有一层厚厚的白色粉末。)蓝白色叶片团簇在一起，叶片扭曲内折，边缘弯曲，形成独特的形状，别有一番趣味。

大戟属

Euphorbia

资　料	
科　名	大戟科
原产地	非洲、马达加斯加
生长期	夏季
浇　水	春季至秋季每两周一次，冬季每月一次
根的大小	细根型
难易度	★☆☆☆☆

　　大戟属植物就像植物界另类的摇滚歌手一样充满了个性魅力。它们来自五湖四海的不同环境，不断适应各种气候进化而成。不管样貌还是大小都具有多样化，其中有与球形仙人掌类似的布纹球和铁甲丸，有与柱形仙人掌类似的红彩阁，还有能开出艳丽花朵的虎刺梅等品种。不得不说此属拥有众多美丽品种，让人爱不释手。

　　大戟属很容易变异，所以也是园艺品种的大家族，它们生长的性质相似，都喜欢高温和强光的环境。属于夏型种，生长期为春季至秋季。摆放在室外任由日晒雨淋也安然无恙。只是耐寒能力稍稍弱了些，冬季尽量不要让它们处于低于5℃的环境。另外它们的根比较脆弱，需要避免频繁的移栽。在春季至秋季生长期内，等到土完全干了就可以浇水了。可以通过芽插等方式繁殖。如果不小心切开了它的表皮，会流出白色的乳汁，因为这种液体具有毒性，请千万别与皮肤直接接触。

▌铁甲丸
Euphorbia bupleurifolia

　　拥有菠萝一样外形的品种，茎部的凹凸是叶片掉落后留下的痕迹，是大戟属多肉植物中对水分需求比较大的品种。

▌布纹球
Euphorbia obesa var.

　　长得几乎与球形仙人掌一样。球体上有红褐色纵横交错的条纹，看起来有种怪异的美感。通过子株繁殖，贯穿球体上下的棱上会长出子株，可以培育成好看的群生株。

红彩阁
Echeveria enopla

具有柱形仙人掌一样的形态,叶表还带有锐利的刺。如果在日照充足的环境下生长,刺会变成红色,观赏效果不错。容易栽培,适合入门者。

琉璃晃
Euphorbia susannae

球形茎上有许多突起,喜好日照充足的环境,一旦日照不足就会造成顶部徒长,难以维持圆润的形状。栽培时一定要注意给予充足日照。

怪魔玉
Euphorbia 'kaimagyoku'

乍一看跟铁甲丸很相似,其实是铁甲丸与麟宝杂交的园艺品种。圆形的茎部主干会纵向生长,长成大株后看起来很有气魄。怪魔玉全年都要摆放在日照好的通风场所进行管理。

峨眉山
Euphorbia 'Gabizan'

怪魔玉和铁甲丸的杂交品种,喜欢日照充足、通风良好的场所,夏季如果被阳光直射,易造成叶片灼伤。峨眉山的耐寒性差,所以冬季尽量摆放在室内管理。

莫拉提大戟
Euphorbia moratii

原产于马达加斯加的小型块根品种，是稀有的大戟属植物。肥大的块根具有独特魅力。冬季期间最好断水培育。

扑索妮（音译）
Euphorbia poisonii

以顶部为中心生长出嫩绿色叶片的品种，原产于非洲。叶腋下会生出侧芽，切离侧芽的时候，注意皮肤不要沾到株体流出来的有毒汁液。

筒叶麒麟
Euphorbia cylindrifolia

原产于马达加斯加。植株呈垫状生长，分枝沿着球状根（块根）顶部长出，最初直立生长以后逐渐向水平方向发展。肉质叶生于茎枝上部，叶片细长。会开出小花，花色呈夹杂着粉色的低调褐色。

皱叶麒麟
Euphorbia decaryi

原产马达加斯加的小型块根品种，表面完全皱缩的叶片是其特色。（译者注：在强光下虽然也能正常生长，但叶片往往呈灰褐色，缺乏生机。而在光线柔和处生长的植株叶片浓绿，充满生机。）栽培比较容易，可以通过分株来繁殖。

鲨鱼掌属

Gasteria

资　料	
科　　名	百合科
原产地	南非
生长期	夏季
浇　　水	春季至秋季每周一次，冬季每三周一次
根的大小	粗大型
难易度	★☆☆☆☆

　　鲨鱼掌属原产地为南非，约有80个已知品种。非常肥厚的硬质叶片呈互生放射状生长。（译者注：鲨鱼掌属耐旱能力惊人，生长较为缓慢，植株不易老化。）虽然此属为夏型种，但有很多品种是全年生长的强健植物，日照稍不足或者浇水过多也能保持良好状态，绝对是容易培育的多肉植物。

▶ 卧牛
Gasteria armstrongii

　　拥有丰富变种的人气品种。肥厚的叶片像牛舌一样，往两个方向重叠互生。（译者注：卧牛是沙鱼掌属最著名的种类，生长缓慢，形态常年变化不大。）在直射的日光下叶片容易发生日灼，株体底部会生长出子株。

▶ 爱拉菲（音译）
Gasteria ellaphieae

　　原产于南非，稍微有点窄的叶片呈莲座状展开。叶片表面密布细小的斑点，这是此品种的魅力所在。春季至初夏期间会长出花剑，开出小朵的花。

▶ 象牙子宝
Gasteria 'Zouge-Kodakara'

　　带有白色和黄色斑纹的改良品种。跟它的名字一样，象牙子宝会从叶腋长出大量象牙形的子株。随着生长发育，母株始终不会变很大。培育时注意避开阳光直射。

风车草属
Graptopetalum

资料	
科　名	景天科
原产地	墨西哥
生长期	夏季
浇　水	春季至秋季每两周一次，冬季每月一次
根的大小	细根型
难易度	★☆☆☆☆

　　充满魅力的风车草属植物有莲座状的外形，以及披着白色粉末的叶片。与拟石莲花属和景天属非常相似。呈灌木状横向生长。它的优点是强大的耐暑、耐寒能力，容易培育。风车草属有很多带粉色的品种，是混合栽培时用来增添色彩的法宝。人气品种有具淡紫色叶片的胧月，以及胧月的改良品种姬胧月。

　　因为具有耐寒能力，所以在0℃以上的室外环境里也能过冬。冬季休眠期最好保持干燥。如果群生培育的话，很容易因潮湿而腐烂，需要注意通风。生长期从春季至秋季，全年都应该摆放在日照充足的场所。初春会开橙色的花，适合春季移栽，以及通过叶插和芽插进行繁殖。

▌姬胧月
Graptopetalum paraguayense 'Bronze hime'

　　三角形的肥厚叶片排列成莲座状，带褐色的朱红叶片绚烂夺目。姬胧月是小型品种。（译者注：繁殖速度很快，特别是通过叶插繁殖，成功率非常高，是新手叶插入门的首选品种。）如果浇水过多则叶色会变暗淡，甚至导致叶片脱落。

▌胧月
Graptopetalum paraguayense

　　姬胧月就是由此品种改良而来。胧月的株型呈莲座状，直径可达8厘米左右。（译者注：肥厚的叶片平滑有光泽，似玉石一般。）叶色会呈现紫色到黄绿色的微妙变化，是耐寒、耐暑的强悍品种。

银天女
Graptopetalum rusbyi

　　灰色的叶片微微发红，茎部短小，是群生品种。（译者注：生长缓慢，晶莹剔透的叶片最具欢赏性，在阳光下闪闪发光，楚楚动人。）会开出带有红色纹理的花，非常漂亮。

秋丽
Graptopetalum cv.

　　这种改良品种拥有鼓鼓的粉色叶片，叶片表面具有光泽感，它像灌木一样生长，在植株底部和茎上都能结出子株，通过叶插繁殖也很简单。（译者注：在充足的光照下，当温差加大时，整个植株会变为粉红色，有的叶片会变成褐色或粉紫色等。）花期为春季，开黄色小花。

菊日和
Graptopetalum filiferum

　　菊日和由无数片小绿叶环状排列成莲座状，莲座的直径可以达到5厘米左右。茎不会伸长，植株底部会生出子株，春季会长出花剑，开白色的小花。

五蕊风车草
Graptopetalum pentandrum

　　是充满魅力的风车草植物，拥有披着白色粉末的粉红色肉质叶片。盛夏时注意避开直射的阳光，摆放到半阴的场所。严寒时摆放在光照充足的室内管理。

风车石莲属

Graptoveria

资　料

科　名	景天科
原产地	园艺品种
生长期	春、秋季
浇　水	春季至秋季每两周一次,夏季和冬季每月一次
根的大小	细根型
难易度	★★☆☆☆

　　风车草属和石莲花属杂交而成的新族群。此属主要特征是肥厚的叶片呈莲座状生长。适合摆放在日照充足的通风场所管理,最好严格控水。生长期为春季和秋季,夏季和冬季休眠。尽量避免盛夏的直射阳光,夏季要遮光摆放在阴凉处管理。初春可以通过芽插、叶插繁殖。

◤ 黛比
Graptoveria'Debii'

　　肥厚的叶片呈略带紫色的粉色,是叶表披着白色粉末的美丽杂交品种。茎不会伸长,株体底部会长出子株。要避免盛夏的强光直射,摆放在通风的场所。

◤ 葡萄
Graptoveria amethorum

　　肥厚的圆形叶片呈深紫红色,看起来很像葡萄,是非常有意思的品种。莲座的直径为5~6厘米,生长速度比较慢,最好用透水性好的土壤栽培,尽量保持相对干燥的培育环境。

◤ 格林
Graptoveria 'A Grin One'

　　浅绿色叶片披着白色粉末的小型品种。茎不会伸长,会从叶腋处长出子株。盛夏时要避免阳光的直射,严冬时要摆放在日照充足的室内培育。

瓦苇属

Haworthia

资　料	
科　名	百合科
原产地	南非
生长期	春、秋季
浇　水	春季和秋季每周一次,夏季每两周一次,冬季每月一次
根的大小	粗大型、细根型
难易度	★☆☆☆☆

　　叶片的形状、色彩和纹理等都极富变化,是极具收藏性的多肉植物种类。在园艺上分为叶片柔软、喜欢弱光的软叶系和叶片坚硬、喜欢强光的硬叶系。软叶系里的冰灯玉露和玉扇、硬叶系里的冬之星座和十二卷等都是代表品种。特别是软叶系里那些叶片顶端有透明窗的品种,受到广大玩家的狂热追捧。

　　生长期为春季和秋季,适合摆放在通风的半阴场所或室内管理,生长环境温度不能低于5℃。盛夏和严冬生长减缓,要严控浇水。春秋时节,一旦栽培用土干燥就要浇充足的水,算多肉植物中特别好水的类型。因为它们粗大的根部会不断生长,更适合用深一点的花盆栽培。一般可以通过株体底部长出的子株进行分株繁殖,粗根型的瓦苇属多肉植物也可以采取叶插进行繁殖。

◢ 冰灯玉露
Haworthia obtusa

　　软叶系的代表品种,圆形的叶片密集生长。叶片顶部有透明的窗,便于吸收光线。全年最好都摆放在明亮的半阴环境中管理。

◢ 帝玉露
Haworthia cooperi

　　与冰灯玉露的形态相似,但叶形稍显细长。栽培的方法也比较类似。帝玉露即使在室内栽培也能保持良好的状态。

水晶掌
Haworthia cymbiformis

　　三角形叶片呈莲座状展开。叶片顶端带有透明的窗。在瓦苇属植物中，算特别容易栽培，也容易长出很多子株的群生品种。

蝉翼玉露
Haworthia transiens

　　肥厚的叶片顶端较尖，生长密集。因为吸光的透明窗的部分比较大，看起来具有透明感。在强光照射下，植株容易被太阳灼伤而出现黑色的斑痕，栽培时一定要做好遮光工作。

星绘卷
Haworthia translucens

　　这种小型瓦苇属植物拥有透明度高的叶片，叶色明亮。莲座的直径为4~5厘米。容易栽培，并且能生长出许多子株。

克里克特锦
Haworthia correcta

　　三角形大窗呈放射状排列在一起的瓦苇属植物，是软叶系里生长迟缓的类型。它的透明窗上分布着样式特别的条状纹理。

青鸟寿
Haworthia retusa

由淡绿色的三角叶构成直径约10厘米的莲座状株体，顶部有窗。晚春时会长出花剑，开白色的花。

美艳寿
Haworthia pygmaea var.*Splendens*

窗为三角形，且凹凸不平。窗上的条纹状纹理带有光泽，在阳光直射下会散发出金色或铜色的光彩。

白银
Haworthia emelyae 'picta'

窗上带着许多白点状纹理，而且不同个体的白点状纹理都不一样。通常流行将此品种与同属的优良品种进行交配。

青蛙寿
Haworthia mirabilis var.*paradoxa*

如果栽培状态好的话，鼓鼓的叶片会整齐有序地呈放射状排列生长，三角形的窗具有光泽感。栽培的关键在于多注意日照的情况。

▌ 冰砂糖
Haworthia retusa var. *turgida* f. *variegata*

带有纯白色斑的软叶系人气品种。在阳光的照射下欣赏，显得格外美丽。斑的样式会因为个体不同而有差别。

▌ 小人之座
Haworthia angustifolia var. *liliputana*

是最小的瓦苇属植物，细长的叶片纷纷展开，容易长出子株，呈现群生的生长状态。最好两年移栽一次。通过简单的分株就能繁殖。

▌ 龙鳞
Haworthia tessellata

叶幅宽阔，叶片表面几乎都是窗，是形状独特的瓦苇属植物。龙鳞带有鳞状的纹理，极具个性。

▌ 万象
Haworthia maughanii

叶片顶部像被刀割断了一样，带有半透明的窗，并通过窗来吸收光线。窗上带有白色的纹理，其图案因个体不同而有较大的差异。

玉扇
Haworthia truncata

　　肥厚的叶片呈对生状向两侧生长，从侧面看很像扇子的形状。叶尖有透明的窗，从株体底部会长出子株。

毛线球
Haworthia arachnoidea

　　直径约5厘米的小型品种，被称为"蕾丝系瓦苇"，其细长的软质叶片上长有细毛，给人一种柔软纤细的质感。不适应夏季的闷热，因此夏季时要注意调整培育环境。

水牡丹
Haworthia bolusii

　　莲座直径为5~7厘米。叶片上部有透明的窗，植株布满了像蜘蛛网一样纤细的密密麻麻的茸毛。这种蕾丝系瓦苇夏季应尽量摆放在凉爽的环境中管理。

卡明（音译）
Haworthia cooperi 'Cummingii'

　　与水牡丹相似的蕾丝系瓦苇品种，叶片上的细毛比较短。在明亮的半阴环境下培育才能维持紧凑的形状和美丽的叶色。耐热能力差，夏季要注意调整环境。

冬之星座
Haworthia maxima

　　属于硬叶系的瓦苇属多肉植物，浓绿色的叶片上带有白斑。其植株带有圆形大白斑的个体也被称为"甜甜圈冬之星座"。

九轮塔
Haworthia coarctata bybrid 'Baccata'

　　与冬之星座很相似，是叶面宽阔，叶片重叠呈塔状的硬叶系多肉植物。为了避免发生叶片灼伤，请避开阳光的直射。

尼古拉
Haworthia nigra var.nigra

　　这种瓦苇属多肉植物，因其凹凸不平的黑色叶片而别具魅力。受到少许强光照射后，叶色会变深。

大疣风车
Haworthia scabra

　　硬质叶片扭曲生长的品种，以叶片表面有细小的凸起为特征。生长速度迟缓，是比较难繁殖的品种。最好摆放在半阴的环境中管理。

伽蓝菜属

Kalanchoe

资 料	
科 名	景天科
原产地	马达加斯加、南非
生长期	夏季
浇 水	春季和秋季每周一次、夏季每两周一次、冬季断水
根的大小	细根型
难易度	★★☆☆☆

伽蓝菜属多肉植物拥有丰富的品种，叶片的形状和颜色也别具一格。除了可以欣赏到它们叶色微妙的变化，还可以欣赏叶尖长出子株的品种，以及花朵绚丽的品种。

伽蓝菜属属于生长期从春季至秋季的夏型品种。其即使放在室外淋雨也能培育的品种有很多，囊括了众多培育简单的多肉植物。景天科多肉植物一般都比较耐寒，但伽蓝菜属耐寒能力比较弱，冬季需要断水，摆放在日照充足的场所管理。一

旦气温降到5℃以下则会生长恶化，甚至枯萎。夏季一定要摆放在通风的环境培育。值得一提的是，伽蓝菜属在日照时间短于某一临界值时才能开花，属于短日植物。（译者注：对于这类植物应适当缩短光照，延长黑暗，则可提前开花，若在临界日照时间内延长光照，则会延迟开花。）通过简单的叶插或芽插就能实现繁殖。叶插后要摆放在阳光照射不到的场所管理。

▌月兔耳
Kalanchoe tomentosa

细长的叶片上长有柔软茸毛，形状看起来像兔子的耳朵。叶片的边缘具有黑色斑点状纹理。盛夏时要移到半阴的场所管理。

▌福兔耳
Kalanchoe eriophylla

别名"白雪姬"，其叶片和茎部都覆盖着一层柔软白毛，植株比较矮，属于群生品种。初夏时会开粉色的花。冬季需要摆放在气温为5℃以上的环境管理。

▌朱莲
▌*Kalanchoe longiflora* var.*coccinea*

　　红色的叶片是朱莲的特征，其茎部呈灌木状纵向生长，会分枝。培育时需要注意的是，日照不足的情况下叶片会变成绿色。

▌仙人之舞
▌*Kalanchoe orgyalis*

　　卵形的褐色叶片是它的主要特征。叶片的内侧长有白色茸毛，叶片表面覆盖着茶色茸毛。长期栽培后茎部会逐渐木质化，可以长成1.5米高的矮灌木状。花呈黄色。

▌白银之舞
▌*Kalanchoe pumila*

　　披着白色粉末的银色叶片看起来绚丽夺目，叶片边缘有细小的齿痕，在气候温暖的地区可以在室外过冬。夏季最好遮光培育。花呈粉红色。

▌扇雀
▌*Kalanchoe rhombopilosa*

　　马达加斯加原产的小型品种，成株的高度大约在15厘米。叶尖部分呈波浪状，银色的叶片上带有褐色斑纹。春季时会开黄色的花。

▌不死鸟锦
Kalanchoe daigremontiana f.*variegata*

　　叶片带黑紫色斑的品种，叶片会长出小小的粉红色子株。不死鸟锦的生命力就像它的名字一样强盛，栽培和繁殖都容易。需要注意的是，日照不足时叶片会变成红色。

▌白姬之舞锦
Kalanchoe farinacea cv.

　　卵形叶片对生的品种，叶片上有白斑，红色的花呈筒状向上开放。株体如果生长得过高，可以修剪掉过长的部分来保持造型。

▌白姬之舞
Kalanchoe marnieriana

　　呈线状直立生长的茎部上长有圆形互生的叶片。叶片边缘有一圈鲜艳的红色。白姬之舞通过芽插就能繁殖。

▌千兔耳
Kalanchoe millotii

　　原产马达加斯加，浅绿色的叶片上覆盖着一层茸毛，叶片的边缘有细小的齿痕，是伽蓝菜属多肉植物中颇具人气的品种。

生石花属

Lithops

资 料	
科 名	番杏科
原产地	南非
生长期	冬季
浇 水	秋季至春季每两周一次，夏季断水
根的大小	细根型
难易度	★★★★☆

生石花属是被称为"活宝石"的圆形多肉植物。其一对叶片与茎部合为一体，呈现出与众不同的奇特姿态。它们拟态成石头的样子，主要是为了避免被动物吞噬而不断进化的结果。叶片顶部的窗能够帮助吸收光线。窗上有红色，绿色和黄色等各种色彩组合而成的纹理。品种繁多，也是收藏性很高的多肉植物种属。

生石花属的生长期为秋季至次年春季，夏季休眠，是典型的冬型种。非常喜好阳光，所以需要摆放在日照充足、通风良好的场所栽培。夏季最好遮光，放在半阴的凉爽场所进行完全断水管理，这时即使其表面发皱也要等到秋季才能浇水。到了春季或秋季会脱皮并长出新叶。冬季生长期如果浇水太多会造成腐烂，栽培时应当保持干燥的环境。

❚ 日轮玉
Lithops aucampiae

红褐色的叶片顶部有黑褐色的纹理。是生石花中比较好养的品种，经常脱皮，植株易繁殖群生。秋季开花，花呈黄色。

❚ 大津绘
Lithops otzeniana

大津绘的特色是其绿色与褐色相间的叶片。叶片顶部的圆形窗上有大斑点状的纹理。秋季会开出2厘米大小的黄花。

双眸玉
Lithops geyeri

　　绿色系生石花属多肉植物，顶部有深绿色的斑点纹理。秋季开白色的花。因为其难以应对潮湿的天气，所以夏季需要特别注意保持通风的培育环境。

鸣弦玉
Lithops bromfieldii var.*insularis*

　　株体呈鲜艳黄绿色，顶部有深褐色的纹理，是比较容易群生的小型多肉品种。初秋开金黄色的花。

石榴玉
Lithops bromfieldii

　　褐色的株体上带着红色的斑纹。很难通过脱皮来分球，是非常难繁殖的生石花品种。秋季开黄色的花。

露美玉
Lithops hookeri

　　露美玉拥有红茶色的美丽纹理。初春脱皮后在次年秋季会开出黄色花。最好放在凉爽的环境中度夏。

寿丽玉
Lithops julii

　　拥有鲜艳的粉红色表皮，株体呈圆形的中型品种。顶部有清晰的红色线纹。一般七八株群生在一起。秋季开白色的花。

朱唇玉
Lithops karasmontana 'Top Red'

　　鲜艳的红色纹理非常明显，是花纹玉的改良品种。呈水平横面的顶部富有平衡的美感。花呈白色。

青磁玉
Lithops helmutii

　　株体拥有通透青绿的颜色，非常容易群生。青磁玉也可以长成大株，一般在晚秋开花，花呈黄色。

琥珀玉
Lithops karasmontana ssp.*bella*

　　顶面呈黄色，拥有十分鲜明的褐色纹理。琥珀玉是容易群生的中型品种。花呈白色，也有赤琥珀那样表皮呈红色的变种。

▌紫勋
Lithops lesliei

自古以来深受大众喜爱的大型品种，植株为扁平形状，呈红色。株体直径可达到5厘米左右，顶部覆盖着黑褐色的精致纹理。初春时会开黄色的花。

▌乐地玉
Lithops fulviceps var.*lactinea*

微纹玉的变种，体形扁平，其圆形的顶部也是平的。颗粒凸起状的斑点纹理是它的一大特征。能开出黄色的花。

▌圣典玉
Lithops framesii

圆形的大型生石花品种，球体侧面呈灰绿色，顶部有白色的网状纹理。很容易群生。在晚秋开花，花呈白色。

▌巴里玉
Lithops hallii

拥有红褐色网状纹理的美丽品种，能开出大朵的白花。日照不足的情况下容易纵向生长，导致株形走样。

▌红大内玉
Lithops optica 'Rubra'

　　整体具有透明感的艳红色生石花，窗上没有纹理，花呈白色，花瓣的边缘呈粉红色。

▌李夫人
Lithops salicola

　　叶片为灰绿色，具有直立的特性。顶部有茶色纹理和黄色点状纹理。秋季会开出白色的花。属于生石花中比较好养的品种。

▌丽虹玉
Lithops dorotheae

　　叶片带有灰绿或者微微泛红的色彩，顶部有深褐色的斑纹。外形浑圆具有直立性，是容易群生的品种。秋季开花，花呈黄色。

▌丸贵玉
Lithops hookeri v. *Marginata*

　　顶部平整，有美丽的大红色网状纹理。秋季会开出黄色的花。属于生石花中的大型品种。

风铃玉属

Ophthalmophyllum

资　料

科　名	番杏科
原产地	南非
生长期	冬季
浇　水	秋季至次年春季每两周一次,夏季断水
根的大小	细根型
难易度	★★☆☆☆

　　小型的圆形多肉植物,株体由一对叶片构成,呈圆筒形。顶部有膨胀的透明窗。是分球少,很难群生的种类。

　　生长期为秋季至次年春季,属于冬型种。夏季休眠期需要断水。休眠期尽量避开阳光的直射,摆放到阴凉的场所管理。主要通过实生进行繁殖。(译者注:实生即由种子繁殖成株。)

▌风铃玉
Ophthalmophyllum friedrichiae

　　自古以来很有名气的品种,鲜艳的铜红色引人注目。鼓起来的顶部长有大的窗。盛夏时有必要保持培育环境的通风。

瓦松属

Orostachys

资　料

科　名	景天科
原产地	中国、日本
生长期	夏季
浇　水	春季至秋季每周一次,冬季每月一次
根的大小	细根型
难易度	★★★★★

　　景天属的近缘种类,原产于我国、日本等东亚地区。该属有很多品种生长于山野之中。瓦松属小莲座状的叶片十分可爱。繁殖能力强,很容易群生。夏季务必摆放在半阴的通风场所。

▌富士
Orostachys iwarenge 'Fuji'

　　绿色的叶片带有白斑的美丽品种,不适应高温、高湿的环境,盛夏时尽量摆放在凉爽场所管理。可以通过芽插和分株进行繁殖。

厚叶草属

Pachyphytum

资　　料	
科　　名	景天科
原产地	墨西哥
生长期	夏季
浇　　水	春季至秋季每两周一次,冬季每月一次
根的大小	细根型
难易度	★☆☆☆☆

　　拥有浅色的肥厚叶片,是深受欢迎的人气种类。虽说是夏型种,但盛夏时生长缓慢,要控制浇水,摆放在半阴的环境中。有些品种的叶片覆盖着白色粉末,浇水时注意不要让叶面沾到水。适合在春季和秋季移栽。因为根部发育旺盛,最好1~2年翻盆一次。通过叶插和芽插可繁殖。

▌星美人
Pachyphytum Oviferum

　　覆盖着白色粉末的叶片肥嘟嘟的,且略带着淡淡粉红色。属于直立生长的类型,如果生长得过高,需要剪切掉多余的部分以保持形态。冬季最好放在环境温度为3℃以上的场所中管理。

▌千代田松
pachypodium compactum

　　肥厚的绿色叶片呈莲座状展开。茎部会逐渐伸长并分枝。日照不足的情况下容易徒长。花呈红色。

▌群雀
pachypodium longifolium

　　拥有灰绿色叶片,茎部会分枝并逐渐长高。降温时叶片会变成粉红色。培育时需要注意的是,日照不足会使叶片容易凋落。

棒槌树属

Pachypodium

资　料

科　名	夹竹桃科
原产地	南非、马达加斯加
生长期	夏季
浇　水	春季至秋季每两周一次，冬季断水
根的大小	细根型
难易度	★★☆☆☆

拥有肥大的茎和根的块茎、块根品种。茎部或纵向生长或呈肥大圆形，形态不一。春季至秋季为生长期，适宜摆放在日照充足的室外培育，冬季最好摆放在室内进行断水管理，注意环境温度不能低于5℃。移栽适合在春末进行。

▌ 惠比须笑
Pachypodium brevicaule

不规则形状的块茎有种奇特的魅力，其随处都能长出椭圆形的叶片。虽然比较能忍耐低温，但是也比较难适应夏季的闷热。会开出美丽的黄色花。

草胡椒属

Peperomia

资　料

科　名	胡椒科
原产地	南美洲
生长期	冬季
浇　水	春季和秋季每周一次，冬季每两周一次，夏季每月一次
根的大小	细根型
难易度	★★★☆☆

草胡椒属的大多数种类原产于南美洲。其中有肥厚圆形叶片的品种被当作多肉植物来栽培。因为不适应夏季的闷热，被当作是冬型种。夏季最好摆放在通风的阴凉场所，冬季需要放在室内管理。

▌ 红背椒草
Peperomia graveolens

原产于秘鲁的草胡椒属植物，叶片内侧以及茎部都呈深红色。生长期从秋季至次年春季，如果摆放在日照充足的场所培育，它的红色会变得更加绚丽。

对叶花属

Pleiospilos

资　料

科　　名	番杏科
原产地	南非
生长期	冬季
浇　　水	秋季至次年春季每两周一次,夏季断水
根的大小	细根型
难易度	★★★★★

　　膨胀的圆形叶片上带着斑点的圆形多肉植物。为了让叶片的形状变得足够肥大,一定要在生长期(秋季至次年春季)给予充足的日照。生长期内如果日照不足就会停止发育,影响开花。盛夏时要移到通风阴凉的场所断水管理。

▮ 明玉
Pleiospilos hilmari

　　淡红色的叶表上带着浅绿色的斑点,是叶长约3厘米的小型种。能开出大朵的黄花。从四月份开始要逐渐减少浇水,做好度夏的准备。

马齿苋树属

Portulacaria

资　料

科　　名	马齿苋科
原产地	全球的热带至温带地区
生长期	夏季
浇　　水	春季至秋季每周一次,冬季每月一次
根的大小	细根型
难易度	★★☆☆☆

　　小圆叶带有光泽,十分可爱。株体会变大,为了保持精巧的造型需要定期修剪。生长期从春季至秋季,耐暑能力好,生长期可以摆放在日照充足的室外管理。耐寒能力差,冬天应该摆放在室内管理。适合在春季修剪枝叶后通过芽插的方式繁殖。移栽也适合在春季进行。

▮ 雅乐之舞
Portulacaria afra

　　会长出许多淡绿色的小叶片,叶片边缘呈粉红色。在气温下降的秋季叶片会变红,生长期为春季至秋季。酷暑的时候最好避开强光的照射。

景天属

Sedum

资　料	
科　名	景天科
原产地	南非
生长期	夏季
浇　水	春季和秋季每周一次,夏季每两周一次,冬季每月一次
根的大小	细根型
难易度	★☆☆☆☆

景天属非常容易栽培,是一直很流行的多肉植物类型,其中既耐暑又耐寒的品种很多。很多品种被用作屋顶绿化,可见它们生命力真的很顽强。它们中有呈莲座状绽放的品种,也有叶片特别肥大的品种,还有叶片小巧的群生品种等。多样化的品种,千变万化的造型,丰富的色彩,让它们成为混合栽培不可或缺的法宝。

虽然非常喜好日光,但还是难以应对盛夏日光的直射,夏季最好摆放到明亮的阴凉场所管理。基本上所有的品种都很耐寒,可以在气温接近0℃的环境下过冬。盛夏时浇水需要稍稍节制一点,特别是群生的类型应尽量避免闷热环境,摆放到通风的场所管理。适合移栽的季节为春季和秋季。全年都可以采取枝插进行繁殖。

虹之玉
Sedum rubrotinctum

许多圆形的叶片连结在一起。一般在夏季生长期内呈绿色,秋季至冬季整体会变成红色。长成大株后,春季会长出花剑,开出黄色的花。

乙女心
Sedum pachyphyllum

生长期从春季至秋季。日照不足的情况下叶片的红色会变得暗淡。给予肥料和少量浇水后,叶片能拥有鲜艳的色彩。

▌松之绿
Sedum lucidum

　　有光泽感的绿叶呈莲座状展开，如果一直保持充足的日照，叶尖会变成红色。繁殖力旺盛，茎部会不断伸展，株体底部也会生出子株。

▌虹之玉锦
Sedum rubrotinctum f. variegata

　　虹之玉的带斑品种，叶片的绿色比较淡，春、秋季干燥期时红色会变深。达到开花年龄后，会在春季开出奶油色的花。

▌新玉缀
Sedum burrito

　　充满魅力的景天品种，拥有披着白色粉末的圆形小叶片。明亮的绿色叶片串连在一起，茎部会下垂伸长，也被称为"姬玉缀"。

▌绿龟之卵
Sedum hernandezii

　　拥有深绿色的卵形叶片，叶表有龟裂的细纹，给人一种粗糙的质感。纵向生长，但在日照不足或浇水过多的情况下容易徒长，栽培时需多加注意。

大唐米
Sedum oryzifolium

　　原产日本的多肉植物，一般在靠近海岸的岩石堆里以群生的方式生长。超小的叶片呈对生状密集地串连在一起。生长速度快，容易栽培。夏季能开出黄色的小花。

珊瑚珠
Sedum stahlii

　　原产墨西哥的品种，拥有无数像红豆一样小小的圆形叶片。如果一直在日照充足的环境下培育，叶片的红色部分会增加，颜色会变成好看的紫红色。

日出
sedum 'Sunrise Mom'

　　叶片的前端尖锐，边缘带有红色。保持在日照充足的环境下培育就能变成红叶，连茎部也会变红，这样的美丽景象值得一见。

银龙
sedum 'Silver Pet'

　　叶片细长，经常被用来作为混合栽培时的点缀。摘心（译者注：摘除枝条顶端的芽）后会马上长出腋芽，生长得更加茂盛。

变色龙
Sedum reflexum 'chameleon'

　　反曲景天的园艺品种，细长的叶片并列生长在肥硕的茎部上。茎部直立生长，会呈匍匐状延伸。花为黄色。

铭月
Sedum adolphii

　　泛有光泽的黄绿色叶片连在一起，植株先会直立生长，再慢慢匍匐分枝。秋季如果日照充足，整株都会变成红色。比较耐寒，可以放在室外过冬。图片中的是小苗。

黄丽
Sedum

　　与铭月有着相似的形态，黄丽更偏小型。圆形的肉质叶排列紧密，呈莲座状。适合在春季移栽，可以通过芽插的方式繁殖。

八千代
Sedum allantoides var.

　　茎部不断伸长，呈直立状生长，茎上长有大量的小叶片。圆形的叶片呈黄绿色，叶尖略带红色。

▌宝珠扇
Sedum dendroideum f.

　　外形独特的草绿色叶片，茎部直立分枝生长。在夏季炎热潮湿的环境中也能生长，是容易栽培、可以轻松管理的品种。

▌薄化妆
Sedum palmeri

　　黄绿色的叶片比较薄，像花一样展开。原产于墨西哥，呈灌木状分枝生长。春天会开出黄色的小花。

▌木樨景天
Sedum Suaveolens

　　虽然是景天属的植物，但是看起来与拟石莲花属植物很相似，也有莲座状的叶片形态。直径约20厘米,茎部不会直立生长，会在花剑顶上结出子株。

▌戈尔迪（音译）
Sedevenia 'Goldie'

　　景天属与拟石莲花属的杂交品种。叶片呈莲座状展开，清淡的色彩是它的独特魅力。茎部直立生长，株体底部会长出许多子株。

长生草属

Sempervivum

资　　料	
科　名	景天科
原产地	欧洲中南部山地
生长期	冬季
浇　水	秋季至次年春季每周一次,夏季每月一次
根的大小	细根型
难易度	★★☆☆☆

　　原产于欧洲,自古以来人气很旺的莲座状多肉植物。有很多多肉植物爱好者只收藏此属品种。因为容易与其他品种杂交,所以它的园艺品种很多,从1厘米的小型品种到15厘米以上的大型品种都有,其色彩与形状也各不相同,非常丰富。

　　长生草属是具有很强耐寒能力的冬型种,分布在欧洲至高加索地区,和亚洲中部的山岭地区。已知约有40个原生种。因为能够生长在气温低的山地,所以常常在山上的野草中发现它们的踪迹。即使在寒冷地带或者室外都可以放心栽培。不过应尽量摆放在日照充足的通风场所管理。夏季休眠期需严控浇水,并移到阴凉场所管理。移栽期为初春,因为花剑上会生出子株,所以最好移栽到直径较大的花盆里。繁殖比较简单,把子株摘取下来就能用来栽种。

▌盖兹
Sempervivum 'Gazelle'

　　鲜艳的绿色和红色叶片呈莲座状展开,整株植物覆盖着一层白色茸毛。不适应高温、高湿的环境,特别是群生株度夏时一定要注意调整培育环境。

▌红酋长
Sempervivum 'Redchief'

　　紫黑色的叶片密集重叠并团簇在一起,叶片边缘的颜色鲜艳。也被作为庭园的点缀装饰使用。

蛛丝卷绢
Sempervivum arachnoideum

长生草属的代表品种，叶片尖端长出的白丝会逐渐覆盖整株植物。不仅耐寒性强，耐暑能力也不错，容易栽培，是非常适合入门者的品种。

玉光
Sempervivum arenarium

原产东阿尔卑斯的小型品种。叶片呈深红色与黄绿色的鲜明对比状，植株表面包裹着一层茸毛。特别要注意的是，群生株在夏季要保持通风的培育环境。

观音莲
Sempervivum tectorum var. *alubum*

观音莲有很多地区的变异品种。这是通过数度改良而诞生的其中一种。鲜嫩的绿色叶片，叶尖部分带着夺目的大红色。

丽人杯
Sempervivum cv.

呈莲座状密集群生的小型园艺品种。叶尖的色彩能够清晰显现的类型。

◤ 荣
Sempervivum Calcareum 'Monstrosum'

筒状的叶片呈放射状展开的珍稀品种，绝对是栽培非常困难的种类。根据个体的差异，叶片上的红色范围大小不一。

◤ 百惠
Sempervivum ossetiense 'Odeity'

百惠的叶片为细长筒状，叶片顶部呈开口的状态，靠近株体底部的地方会长出小子株。

◤ 茱皮莉（音译）
Sempervivum 'Jyupilii'

细细的叶片密集生长的园艺品种。植株底部会长出花剑，结出子株。

◤ 格拉纳达（音译）
Sempervivum 'Granada'

原产美国的长生草品种。浓厚的紫色叶片上带着软软的细毛，营造出了蔷薇花一般的视觉感。

▌长生草杂锦
Sempervivum f. *variegate*

原产日本的充满日式风情的长生草品种。叶片表面贯穿着白斑。

▌红莲华
Sempervivum 'Benirenge'

叶片尖端呈浓烈红色。很容易栽培,是繁殖力旺盛的品种,容易长出子株。

▌树冰
Sempervivum 'Silver Thaw'

浑圆形状的莲座是它的主要特征。小巧的个体相连在一起,看起来十分可爱。株体直径约为3厘米。

▌精灵
Sempervivum 'Sprite'

亮绿色叶片上覆盖着一层茸毛的园艺品种。花剑上会一个接一个地结出子株,属群生品种。

千里光属

Senecio

资　料	
科　　名	景天科
原 产 地	非洲南部至东部
生 长 期	春、秋季
浇　　水	春季至秋季每周一次, 冬季每三周一次
根的大小	细根型
难 易 度	★★☆☆☆

　　千里光属多肉植物中很多品种具有令人耳目一新的姿态。比如圆形叶片连结在一起呈下垂状的绿之铃,叶片像箭头一样的箭叶菊等,都是非常富有独特性的造型。

　　千里光属基本都是春、秋季生长的品种,比较耐寒、耐暑,是容易栽培的多肉植物。不能忍受根部极度干燥的状态,所以不论夏季还是冬季休眠期,都不能让它的根部太干燥,就连移栽的时候根部也不能干燥,

这一点尤其要注意。通常只要保持充足的日照,就不会发生徒长的现象。

　　繁殖期为春季。像绿之铃那种长出藤蔓的类型,不需要切除藤蔓,只要将其放到装满栽培土的花盆里,就会开始发根。而那些茎部伸长的类型,可以通过枝插来繁殖,具体方式是剪断茎部后马上插枝(不需要干燥),然后浇水即可。

▌绿之铃
▌*Senecio rowleyanus*

　　细长的绿茎上长着一颗颗球形的绿色叶片,茎非常细长,且匍匐下垂。最好采取吊挂式的盆栽方式培育。夏季尽量避免阳光直射,放在阴凉的场所管理。

▌白寿乐
▌*Senecio.citriformis*

　　直立生长的细茎上长满了水滴形的叶片。叶片上有层薄薄的白色粉末。通过芽插繁殖。

万宝
Senecio serpens

　　细长的圆筒形叶片从植株底部长出，叶片为青绿色，上面覆盖着白色粉末。不适应高湿的环境，夏季最好摆放在通风的半阴场所管理。

蓝月亮
Senecio antandroi

　　生长着密集的蓝绿色细叶，叶片表面覆盖着一层白色粉末。如果浇水过多则会导致叶片呈散开的状态，破坏了整体造型的平衡感。移栽适合在春季至初夏期间进行。

箭叶菊
Senecio kleiniiformis

　　叶形看起来十分独特有趣的中型品种。因为叶片很像箭头，所以被命名为"箭叶菊"。通常喜欢在日照充足的环境里生长，但是盛夏时需要避开直射的阳光，摆放到半阴的场所管理。

荷顶（音译）
Senecio Hebdingi

　　原产于马达加斯加，数根肉质的茎从土壤里伸出，是形态奇妙的千里光属多肉植物。茎部顶端会长出小叶片。只能通过茎插来实现繁殖。

星球属
Astrophytum

资　料

科　名	仙人掌科
原产地	墨西哥
生长期	夏季
浇　水	春季至秋季每两周一次，冬季每月一次
根的大小	细根型
难易度	★★☆☆☆

　　星球属有丰富的变种和杂交种，深受多肉玩家的喜爱。球体散布着星形白点的品种被称为"有星类"。也有刺已经退化消失的进化品种，在春季至秋季期间开出大朵的花。不适应夏季强烈的日照，需要遮光管理。

▌ 琉璃兜
Astrophytum asterias f. Nudum

　　没有白点的矮球形仙人掌，株体没有刺，直径约8~15厘米。在顶部开出淡黄色的花。冬季要严控浇水。

▌ 般若
Astrophytum ornatum

　　从球形发育到圆柱形的仙人掌，有8条棱，不带白点的品种叫做"青般若"，带有黄色刺的品种叫做"金刺般若"。

▌ 四角鸾凤玉
Astrophytum myriostigma var.

　　从球形发育到圆柱形的品种，其基本种鸾凤玉有5条棱，而本种只有4条棱，因此才被称为"四角鸾凤玉"。喜好日照，尽量在通风的环境中培育。

雪晃属

Brasilicatus

资　料

科　名	仙人掌科
原 产 地	巴西、乌拉圭
生 长 期	夏季
浇　水	春季至秋季每两周一次，冬季每月一次
根的大小	细根型
难 易 度	★★☆☆☆

　　南美洲已知有3个品种，是仙人掌科里的小群体。也被分类到南翁玉属。最有名的品种是能开出艳丽朱红色花的雪晃。耐暑、耐寒能力都不错，是容易培育的类型。

❰ **雪晃**
Brasilicatus haselbergii

　　白色的刺密集生长在球体上，与朱红色的花形成鲜明对比。花期在春季和秋季。冬季应尽可能延长日照时间，有助于其在花季时开放更多的花。

天轮柱属

Cereus

资　料

科　名	仙人掌科
原 产 地	南美洲、西印度群岛
生 长 期	夏季
浇　水	春季至秋季每周一次，冬季每月一次
根的大小	细根型
难 易 度	★★☆☆☆

　　细长的柱状仙人掌，近来因为能够吸收电磁波辐射而被人们熟知。其代表品种金狮子是容易分枝生长，刺很柔软的类型。生长期从春季至秋季，夏季如果浇水过多会伤到它的根部。

❰ **金狮子**
Cereus variabilis var.*aureispinus* f. Monst

103

　　褐色的刺很柔软，其石化成岩石状的部分很多。冬季适合在室温为5℃以上的室内管理。可通过扦插繁殖。（译者注：石化，也称岩石状或山峦状畸形变异。主要指植株的生长点不规则分生和增殖，使其棱肋错乱，长成参差不齐的岩石状。）

金琥属

Echinocactus

资　料

科　　名	仙人掌科
原 产 地	墨西哥、美国
生 长 期	夏季
浇　　水	春季至秋季每两周一次,冬季每月一次
根的大小	细根型
难 易 度	★★☆☆☆

　　金琥属仙人掌一般有多条棱,刺座里会长出密集锐利的刺。喜好日照,冬季需要保持在温度为5℃以上的环境里培育。日照不足的话刺会变得贫弱。此属有很多可以生长到50厘米以上的大型品种,形状除了球形还有酒桶形。

❮ 金琥
Echinocactus grusonii

　　球形仙人掌的代表品种,生有黄色的刺。可以培育到1米以上的大小,耐寒能力强,是容易栽培的品种。春季至夏季期间能开出淡黄色的花。

鹿角柱属

Echinocereus

资　料

科　　名	仙人掌科
原 产 地	墨西哥、美国
生 长 期	夏季
浇　　水	春季至秋季每两周一次,冬季每月一次
根的大小	细根型
难 易 度	★★☆☆☆

　　分布于美国南部至墨西哥,已知品种大约有100种。呈柱形或球形群生,因为其不同生长阶段会留下茎节,看起来像虾一样,所以也被称为"虾仙人掌"。它的花非常好看,冬季严控浇水能够让花长得更好。

❮ 卫美玉
Echinocereus fendleri

　　原产于墨西哥北部的柱形仙人掌,株体长着许多刺。从春季至秋季会开出粉红色的花。因为根部发育旺盛,一般2~3年需要翻盆一次。

月世界属

Epithelantha

资　料

科　　名	仙人掌科
原产地	墨西哥、美国
生长期	夏季
浇　　水	春季至秋季每两周一次，冬季每月一次
根的大小	细根型
难易度	★★☆☆☆

　　原产地位于北美至墨西哥地区。外观呈小球形或圆筒状的仙人掌。有乌月丸、月世界和大月丸等品种。株体带有纤细的刺，群生的小型品种很多。群生株需要在通风环境下培育。

◢ 乌月丸
Epithelantha micromeris ssp. *unguispina*

　　外观呈球形或卵形的小型品种。株体有着一层白色的软刺，底部会长出子株而群生。喜好日照，冬季要摆放在室内管理。培育时注意不要弄脏了它的刺。

南翁玉属

Eriocactus

资　料

科　　名	仙人掌科
原产地	巴西、乌拉圭
生长期	夏季
浇　　水	春季至秋季每周一次，冬季每月一次
根的大小	细根型
难易度	★★☆☆☆

　　原产于南美洲，从球形逐渐长成圆筒形的仙人掌。因为是仅有3个品种的小族群，也被分类到南国玉属。喜欢日照充足、通风良好的场所。可以培育成大型株体，但它的生长速度稍微有些缓慢。

◢ 金冠
Eriocactus schumannianus

　　金冠是带有比较细的刺的球形品种。会逐渐生长成圆筒形，直径可达到30厘米。与金晃丸相似，但金冠更大一些。春季至夏季开花，能开出直径约4厘米的黄花。

老乐柱属

Espostoa

资料

科　　名	仙人掌科
原 产 地	厄瓜多尔、秘鲁
生 长 期	夏季
浇　　水	春季至秋季每两周一次,冬季每月一次
根的大小	细根型
难易度	★★☆☆☆

　　原产南美洲的约有6种。因为整个植株都覆盖着白毛,被称为"毛柱"。虽然喜欢日照,但要避免过强的日光。生长期时最好在早晨或傍晚浇水。冬季每月浇一次水。它的白毛遇到水就会变脏,因此浇水时千万不要让其沾到水。

◤ 老乐柱
Espostoa lanata

　　这种仙人掌全身覆盖着一层密集的白毛。长长的白毛起到了保护仙人掌的作用,能够有效防止阳光直射造成的日灼,而在冬季白毛起到了保暖作用。

强刺球属

Ferocactus

资料

科　　名	仙人掌科
原 产 地	美国西南部
生 长 期	夏季
浇　　水	春季至秋季每周一次,冬季每月一次
根的大小	细根型
难易度	★★☆☆☆

　　与金琥属相似,此属也有很多刺看起来很美丽。很多品种的刺的颜色也很特别,有带黄色刺的金冠龙和巨鳌玉,带红色刺的赤凤等,这些都是仙人掌爱好者所熟知的品种。因为根系过于稠密会影响其生长发育,所以适当地翻盆很重要。

◤ 金冠龙
Ferocactus chrysacanthus

　　带着华丽黄刺的球形品种。偶尔也能看到带红刺的类型。需要摆放在日照充足的通风场所培育。需要注意的是,潮湿的环境容易使刺座受到污染。

裸萼球属

Gymnocalycium

资　料	
科　名	仙人掌科
原产地	阿根廷、巴西
生长期	夏季
浇　水	春季至秋季每两周一次，冬季每月一次
根的大小	细根型
难易度	★★☆☆☆

　　裸萼球属拥有各种形状和花色的仙人掌，其中包括缀化品种和带斑品种，极富变化乐趣。春季至秋季，会结出马尾草形状的花蕾，然后依次开花。冬季如果能充分接受日照，花会开得更好。株体表面呈红色的品种及带斑的品种含叶绿素较少，栽培管理有点难。属于仙人掌里不喜欢阳光直射的类型。

▌ 丽蛇丸
Gymnocalycium damsii

　　这种仙人掌光洁的球体引人注目。表面呈凹凸状，是此属中最喜欢弱光环境的品种。推荐大家摆放在室内的窗边管理。

▌ 海王丸锦
Gymnocalycium denudatum cv.

　　膨胀的矮球形品种。株体表面呈鲜艳的绿色，带有不规则的黄色斑纹。在晚春时开白色的花。

▌ 绯牡丹锦
Gymnocalycium mihanovichii var. *friedrichii* f.

　　生长于日本的知名品种，是牡丹玉的变种。它的特点是株体表面有鲜艳的红斑。因为叶绿素少，所以栽培比较困难。畏惧日光直射，必要时请遮光培育。

乳突球属
Mammillaria

资 料

科 名	仙人掌科
原 产 地	美国、南美洲、西印度群岛
生 长 期	夏季
浇 水	春季至秋季每两周一次,冬季每月一次
根的大小	细根型
难 易 度	★☆☆☆☆

　　以墨西哥为中心,有超过400种以上的品种,是个巨大的群属。球形和圆筒形的小型品种数量比较多,是颇具收藏性的仙人掌。因其刺座长在乳突顶端,而被称为乳突球仙人掌。此属有很多生命力顽强的品种,栽培起来很容易。基本上只要保持日照充足的通风环境,就能放心地培育。

❮ 月影丸
Mammillaria zeilmanniana

　　虽然是小型株,却经常开花。花呈紫色略带粉红。从3月至5月会依次开花。生长速度快,会从植株旁边长出子株,群生生长。

❮ 梦幻城
Mammillaria bucareliensis 'Erusamu'

　　从多毛龟甲殿培育而来的园艺品种,刺座的顶部无刺,只有茸绒毛。初春时会开出粉红色的小花。

❮ 金刚丸
Mammillaria centricirrha

　　乳突的形状大,乳突顶端生长着不太抢眼的尖刺。生长速度比较快,会从球形渐渐发育成圆筒形。

▌金洋丸
Mammillaria marksiana

凹凸不平的乳突上带着金色小刺。是能开出美丽黄花的仙人掌。花看起来很像戴在球茎顶部的皇冠。

▌嘉纹丸
Mammillaria carmenae

外观会从球形逐渐长成圆筒形，一个个的凸起上长满了无数放射状的小刺。初春时能开出白色和粉红色的小花。

▌金手指
Mammillaria elongata

外观呈小圆筒形的乳突球属仙人掌。株体布满了弯曲的黄色细刺。金手指是从株体底部生出子株的群生类型。市面上也有很多它的石化种。

▌雷云丸
Mammillaria laui

小型的乳突球属仙人掌，外观呈球形，是容易群生的品种。春季至初夏期间，会开出粉红色的小花。冬季保持良好的日照，能让花开得更好。

智利球属

Neoporteria

资　料

科　　名	仙人掌科
原 产 地	智利
生 长 期	夏季
浇　　水	春季至秋季每两周一次, 冬季每月一次
根的大小	细根型
难 易 度	★★☆☆☆

原产于南美洲的智利，约有20个品种。以中型的球形种类为主，花的特征是花筒较长。生长迟缓，但市面上有很多生长速度较快的嫁接品种。比较耐寒，栽培比较简单。在春季至初夏期间移栽翻盆，要等到花开之后才能动手哦。

◀ 恋魔玉
Neoporteria coimasensis

带着灰色尖刺的独特品种。刺座上生长着充满野性的放射状刺。生长到一定阶段后，顶部会开出粉红色的花。

仙人掌属

Opuntia

资　料

科　　名	仙人掌科
原 产 地	美国、墨西哥、南美洲
生 长 期	夏季
浇　　水	春季至秋季每周一次, 冬季每月一次
根的大小	细根型
难 易 度	★★☆☆☆

拥有扁平团扇形茎部的仙人掌。此属仙人掌的扁平板状茎节可以生长到50厘米以上，也存在只有手指大小的类型。因为生命力旺盛、繁殖能力强，所以很好栽培。

只要放在日照充足的通风场所管理，冬季严控浇水，就能茁壮成长。如果徒手碰触则会被无数的小刺扎到。可以通过扦插等方式繁殖。

◀ 象牙团扇
Opuntia microdasys var. *albispina*

别名小白桃扇，小型团扇仙人掌。能开出黄色的小花，是容易栽培的品种。繁殖能力旺盛，会从茎端生长出很多新芽。

刺翁柱属

Oreocereus

资　料

科　　名	仙人掌科
原 产 地	秘鲁、阿根廷
生 长 期	夏季
浇　　水	春季至秋季每两周一次，冬季每月一次
根的大小	细根型
难 易 度	★★☆☆☆

　　圆柱形仙人掌，不太会长出分枝。长成大株后，会从底部长出子株，呈灌木状生长。刺和茸毛是此属的特征。有很多品种的株体被柔软白色长毛包裹着。因为产自高山地区，具有耐寒性。非常不适应夏季闷热的环境，需要注意培育环境的调整。

❮ 赛尔西刺翁柱
Oreocereus celsianus

　　株体表面簇生着蚕丝状的白色长毛，带着黄色的尖刺。夏季开花，花呈深粉色。盛夏时要移到通风的阴凉环境里培育。

瘤玉属

Thelocactus

资　料

科　　名	仙人掌科
原 产 地	美国、墨西哥
生 长 期	夏季
浇　　水	春季至秋季每周一次，冬季每月一次
根的大小	细根型
难 易 度	★★☆☆☆

　　外观呈球形或圆筒形的中型仙人掌。它的特点是拥有多彩的长刺，还能开出大朵的花。栽培管理并不怎么难，比起裸萼球属等品种，更需要干燥一些的环境来培育。可以在强光照射下生长，对于盛夏的日照并不用太担心。

❮ 绯冠龙
Thelocactus hexaedrophorus var. *fossularus*

　　这种漂亮的仙人掌带着红色长刺。岩石状凸起组合成的球体看上去很有艺术感。春季至夏季期间，顶部会开出大朵白花。

PART 4

让多肉植物茁壮成长的栽培课

The lesson for
cultivating a succulent plant

不怕干燥环境的多肉植物和仙人掌们，也会枯萎吗？浇水一定要根据生长周期来调整，日照也是必须注意的关键点。培育之道，必须结合植物自身来考量。只要牢牢地掌握好以下介绍的基础知识，人人都可以成为栽培达人哦。

第 1 课

最适合的用土

最基本的要求：使用排水性好的土

大多数植物通过根从土壤中吸收水分和养，可以说栽培时使用的土，决定了栽培的成败。因为多肉植物和仙人掌基本上生长于干燥少水的地区，因此在选择栽培用土时要选择排水性好的，并且与蓄水性不错的土混合起来使用。

单粒结构的土因为颗粒过细又密实，透气性差，土壤会一直保持湿润的状态，容易引起根部腐烂。如果只用这种土，植物枯萎的危险性就会升高。而团粒结构的土，因其土壤颗粒比较大，团聚在一起能形成大的孔隙，具有良好的排水、透气效果，适合用于多肉植物和仙人掌的栽培。但团粒结构的土经过长期使用之后，土的颗粒会慢慢散开变成单粒结构，排水性逐渐恶化。因此盆栽的话尽量2~3年翻盆一次，换上新的团粒结构用土。

下面介绍一下用土的一般调配比例。多肉植物的用土，小粒赤玉土7：腐叶土2：蛭石1；仙人掌的用土，小粒赤玉土7：腐叶土2：河沙1。如果自己把握不好调配比例，可以购买市面上贩售的多肉植物和仙人掌专用培养土，这是最简单的方法。

如果使用大花盆栽培，为了方便排水，最好在花盆底部铺上盆底石。盆底石要比栽培用土颗粒更大，可以使用大颗的赤玉石或轻石等。而小花盆因为空间有限，放不进盆底石也没有关系。如果使用的是没有底洞的容器，添入根部防腐剂（硅酸盐黏土）就可以高枕无忧了。

多肉植物和仙人掌原产于养分不多的土地，它们不太需要肥料。如果没有使用含有微量元素的腐叶土，栽种或者移植时可以施加少量缓释性颗粒肥料，可将其放在盆土表层，让其慢慢释放养分，供植株吸收。

对于生长速度快，发育旺盛的多肉植物可以追肥（译者注：追肥，指在植物生长中加施肥料）。至于追肥的季节，夏型种适宜在春季，冬型种适宜在秋季。最好是使用缓释性颗粒肥料。

用土的种类

仙人掌专用培养土

▼适合仙人掌生长的培育土，排水性和透气性都特别好，可以配合适量的肥料使用。

多肉植物专用培养土

▲这种专门培养土具有排水、透气的性质，还有适度的保水性。栽种或移植时使用这种土非常方便快捷。

小粒赤玉土

▼适合盆栽的用土，其为团粒结构，具有良好的透气性和保水性。除了小粒，还有中粒和大粒的类型。

腐叶土

▲落叶发酵而成的改良有机土壤。混合适量的赤玉土等基本用土，可以有效提升保水性和保肥性。

蛭石

▲由矿物质高温加工而成的用土。非常轻，是保水性和透气性俱佳的改良用土，也被单独用作芽插或播种的用土。

河沙

▲由花岗岩产生的沙子，能够有效提高用土的透气性。经常被用作仙人掌等植物用土的改良用土。

盆底石

◀铺在花盆底部，能够优化盆内排水性的轻石。最好不要在小花盆内使用。

115

第 2 课

放置场所与浇水

大多数品种喜爱日照

根据大多数多肉植物和仙人掌的原生地环境，它们需要最好能够长时间接受日照的干燥的生长环境。湿度高的场所容易导致它们根部腐烂，而日照不好的环境则会造成茎部徒长，叶色变差，甚至整株植物枯萎。

如果摆放在屋外露养，要确保是在淋不到雨且日照好的场所。如果摆放在阳台角落，与其他盆栽摆在一起，则需要注意通风变差引起的闷湿。夏季高温时，如果把花盆放在混凝土地面上，花盆的温度会随着地面温度升高而升高，因此最好摆在台子或架子上，与地面隔开 40~50 厘米，这样通风情况也会变好。夏季遇到强光直晒会导致植物叶片发生日灼，最好用遮光布遮挡强光。

如果摆放在室内培育，一定要尽可能保持充足的日照。有些场所乍一看觉得光线不错，但实际上日照强度远远达不到植物的需求。一般室内光线最好的地方是窗边的位置，还可以时不时打开窗换气，不必为闷湿而困扰。需要留心的是，如果盛夏时直接摆在窗外，下午的阳光可能会导致一些品种发生日灼。

在室内培育，最好摆在光照充足的窗边。偶尔打开窗子通风透气。

在室外摆在淋不到雨的地方。夏季直接摆在地上容易导致花盆内温度过高，摆在架子上就不必担心了。

浇水的时候，一定要浇透，即水从盆底流出来的程度。

根据生长类型来浇水

基本的浇水方法是：土干了之后，充分浇水，浇到水从盆底流出来的程度。最好是土完全干了的几天后再浇水。需要注意的是，浇水次数如果过多，则会引起徒长和根部腐烂。浇水时要浇到植株的底部。有些植物如叶片呈莲座状的拟石莲花属等，如果植株碰到水，容易导致腐烂或者叶片日灼的现象，最好在浇水后把不小心浇到叶片上的水滴吹走。

浇水一定要严格配合植物的生长周期。

夏型种（包括仙人掌在内）从春季到秋季期间基本都要浇水。冬季12月至次年2月，每个月浇1次水就足够了。

春秋型种，除了冬季休眠外，夏季也不怎么活动，根据品种的不同，在7月~8月几乎不能浇水，这期间尽量减少为每月浇水1次。

冬型种是难以应对夏季炎热气候的类型，从梅雨季节就要开始控制浇水，夏季要摆放在半阴的通风场所管理。夏季每月浇水1次，只要浇到土稍微湿润的程度，最好是在傍晚或夜间进行。到了秋季就可以慢慢增加浇水的次数和水量了。

即使是夏型种，也要避开夏季的日光直射，保持环境的通风。不能在白天浇水，最好在傍晚或夜间浇水。

到了冬季，要把耐寒性差的种类移到室内管理。在1月前后的严寒期内，即使是冬型种也要尽量减少浇水的次数。

第 3 课

移栽

根的类型不同, 移栽的方法也不同

大多数多肉植物和仙人掌都是用花盆栽培, 就算多肉植物生长缓慢, 但花盆有限的空间还是会显得越来越狭窄, 影响到它们的生长。这就需要定期移栽换土。

移栽的频率基准为: 小苗一般1~2年1次。大株一般2~3年1次。因为仙人掌的根部很容易腐烂, 所以其幼苗一般1年移栽1~2次, 生长了3~5年的株体则1年1次, 5年以上的株体则2年1次。

移栽多肉植物和仙人掌时, 至少在一周前开始断水, 因为土干了后更方便移栽。拔出后, 抖落粘在其根部的土, 然后根据花盆的大小修剪伸长的根部, 再用新的土来栽种。如果由于根部过于茂盛而很难拔出, 可以先不断转动花盆, 同时用手掌轻轻拍打花盆外壁, 使土团和花盆壁逐渐分离, 然后用木棍通过花盆底部的排水孔向上推出土团。(译者注: 如果土团不易分离, 可用铲子将盆壁的土挖松, 使土团松动, 就很容易将植物拔出来了。注意千万不要将植株直接拔出或挖出, 以免伤根过多。)

如何鉴别植物的好坏

在选择莲座状的拟石莲花时, 应选择茎部没有伸长, 叶片形状美丽的左边这盆。

景天属（如虹之玉等品种）选择叶片密集, 叶间距离短, 叶片带着鲜红色, 看起来色泽鲜艳的左边这盆。

118

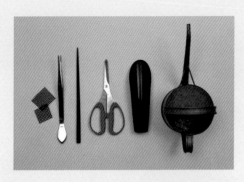

移栽时的准备工具。左起依次是盆底防漏网、镊子、筷子、园艺剪刀、土铲、浇水壶。

移栽最好选在植物开始生长的季节。夏型种（包括仙人掌在内）的最佳时期为3月~5月，冬型种的最佳时期为9月~11月。对于寒冷地区，春季可以稍稍延迟一点移栽，而秋季可以稍稍提前一点移栽。移栽尽量选在天气好的日子进行，尽量避开梅雨时期。

还有一点需要注意，根的类型决定移栽方式。具体可将多肉植物分为细根型和粗根型两种。

细根型（包括拟石莲花属、景天属、长生草属等）的移栽方式是先从花盆里取出株体，抖落根部的土，修剪掉大约一半长度的根，以促进新根的生长。处理完株体后不能马上移栽，要放在半阴的通风场所干燥3~4天后，再用干燥的土栽种。栽好后不能马上浇水，要过三四天后才能浇水。

粗根型（包括芦荟属、瓦苇属、龙舌兰属等）的移栽方式是尽量不要修剪根部，只需抖落根部的旧土，把已经枯死的根从基部切除。不需要干燥，可马上直接栽种，完成后立即浇水，摆放在日照好的场所管理。

移栽前要仔细检查叶片，如果下部的叶片已经枯萎或者受伤了，就要把叶片摘除干净，发黑变色的根部也要仔细切断后再移栽。

细根型的多肉植物，如拟石莲花属和银波锦属等，要等根部干燥后再移栽。

粗根型的多肉植物，如瓦苇属，抖落根部的土后可以马上移栽。

119

细根型多肉植物的移栽

以拟石莲花属植物为例

移栽前断水,土干了之后把植物从花盆里取出来。

剥落根部的土,仔细梳理根部。用筷子作为工具比较方便。

修剪长根,用剪刀剪掉大约一半长度的根。

用镊子摘掉枯萎和不健康的下部叶片。

如果叶腋长有子株,最好把子株摘下来另外栽种。

处理完根部后,放在半阴的通风场所,干燥3~4天。

选择与植物大小合适的新花盆,可在盆底的孔上铺一层网。

为了改善排水,在花盆底部铺垫一些轻石。

放入栽培土,填铺到合适的高度。

将拟石莲花放入花盆,调整其栽入土中的深度。

从株体旁边一点点填入用土,注意保持植物的方向和角度不变。

最好用筷子轻轻戳土,将土往里填好,以固定株体。3~4天后再浇水。

粗根型多肉植物的移栽

芦荟(绫锦)的移栽

根部充满了整个花盆,用手掌轻轻拍打花盆的外壁和上部,更易于移出植物。

使用筷子小心地梳理根部,剥落根部的土。

用剪刀剪掉枯萎或者变色的根。

用剪刀剪掉已经枯萎的下部叶片。

准备口径大的花盆,在盆底洞上铺一层网。

为了改善排水,可在盆底铺上一层轻石。

填入栽培土,填铺到合适的高度。

将芦荟放入花盆中,用手托着它,一点点填入栽培土。

用筷子轻轻戳土,将土往里填好。

种好后马上浇水,浇到盆底有水流出为止。

在土表铺一层白色的色砂,这样其作为室内装饰看起来更美观。

最后往色砂喷水雾,使其稳定。

121

第4课

各种繁殖法

一枚叶片就可以变成一株植物

多肉植物的繁殖方法分有叶插、芽插和分株等。叶插是一枚枚的叶片发育成株的方法。虽说比芽插、分株更费时间一点，但优点是一次可以收获很多株植物。在浇水等管理过程中不慎掉落的叶片，总是让我们很自责，现在可以用它们来繁殖，是不是觉得很惊喜？

除了景天属和伽蓝菜属等繁殖力旺盛的种类，拟石莲花属、青锁龙属、天锦章属、风车草属等很多种类也都可以通过叶插繁殖，叶插只是不适用于银波锦属、千里光属、龙舌兰属等种类。

叶插时使用的叶片，要从叶片的根部小心地摘取下来。准备平整的器皿，往里填入用土，将叶片摆放在土上即可。叶片根部开始生根后，移到半阴的地方，这期间都不要浇水，数周之后会长出小芽，发芽后就可以通过喷水雾的方式浇水。当旧叶枯萎，新芽长到2厘米以上时，就可以用镊子夹住株体底部往花盆里移栽了。

景天属多肉植物的叶片，摆放在干燥的土壤上就能生出新株。

用托盘进行大量叶插，一次就可以收获很多株苗。

叶片的根部生根，不久发出新芽。这期间都不要浇水。

正在干燥过程中的各种插穗，放在小瓶子里整齐排列，看上去甚是可爱。

芽插的重点是切口要干燥

　　下面介绍芽插繁殖的方法。芽插是从母株摘取下茎干进行繁殖的方法。

　　剪下健康的茎干，插入土中培育。重点是在插土之前，放在通风的阴凉场所干燥2~3周，这期间生根后，栽种起来就会更加容易。茎干如果放进小小的瓶子里，也可以作为可爱的室内装饰。

　　作为插穗的茎干充分干燥后，就可以插入装有培养土的花盆里。景天属和青锁龙属等茎部密集生长着叶片的品种，最好摘掉其下部的叶片才能更好地插入土中。对于徒长的植物，也可以把发育疏松的茎节用作芽插，也能实现繁殖。

　　另外，千里光属和莲花掌属等种类，茎干剪下来后，可以马上插入土中。插好后记得立即浇上充足的水。

茎干太长，会影响整体的平衡，把多余的部分剪下来作芽插繁殖。母株的切口附近也会长出子芽。

景天属植物的芽插

将株体的顶端部分剪下，去掉几片下部的叶片，留出一小段茎。

插穗放进瓶子里，干燥4~5天。

去除了叶片的地方会长出新根。

123

切下子株就能繁殖

莲花掌属、伽蓝菜属和青锁龙属的一部分品种,它们的茎部呈棒状生长,可以通过腋芽进行繁殖。另外拟石莲花属、长生草属和厚叶草属等母株会结出子株的类型,也可以通过子株繁殖。

茎部呈棒状生长的多肉植物类型,剪切下枝条后,要让其切口充分干燥。首先将切口朝上放置,在阴凉场所干燥2天左右,再将切口朝下干燥2天左右就可以了,这时把已经充分干燥了的枝条

植入装好新用土的小花盆即可。

已经从母株根部生出子株的类型,可以与母株的移栽同时进行。待其根部和切口完全干燥之后可以另作栽种。如果这些子株已经生根,不需要再进行干燥处理,可以马上移栽到新花盆里。栽种后的3~4天可以浇水。

子株从母株茎部长出, 将其剪下来作芽插。干燥几天后就可以插入干燥的土中发根。

首先切口朝上放在阴凉的地方干燥2天。

将切口朝下放置, 干燥2天。

124

分株后的瓦苇属水晶掌。移栽的重点是植株不要分得太小。

从根部开始分株进行繁殖

分株是分离出已经生根的子株,再分别栽种的方法。分株适用于根部粗大型的种类,比如龙舌兰属、芦荟属、瓦苇属等容易分株的类型。

这些都是子株从根部独立生长出来的类型,如果不移栽或者分株,株体就会越来越大,花盆中将挤满了根系。

子株长出后,首先要将株体全部移出花盆,仔细地清理掉根部的土,然后将植株外侧的子株一个个取下来,分为适度的株体大小,尽量不要单独分离小株。要将变黑或者枯萎的根剪掉。

分好后的子株不用干燥根部,可立即植入新的花盆,马上浇水。

将子株从母株根部切离,适量分株后栽入相应尺寸的花盆中。

瓦苇属的分株

将已生出子株,根部稠密的瓦苇属植物进行分株。

从花盆中取出整株植物,将根部的土清理干净。

将根部相连的子株分为两部分。

分别栽入合适尺寸的花盆中进行繁殖。

索引

126

图书在版编目（CIP）数据

　　小而美的多肉植物 ／ （日）主妇之友社编著 ； 冯宇轩译.
-- 长沙 ：湖南科学技术出版社，2015.5
　　ISBN 978-7-5357-8592-3

　　Ⅰ．①小⋯ Ⅱ．①主⋯ ②冯⋯ Ⅲ．①多浆植物－观赏园艺
Ⅳ．①S682.33

　　中国版本图书馆 CIP 数据核字(2015)第 075415 号

CHIISANA　TANIKUSHOKUBUTSUTACHI
©SHUFUNOTOMO CO., LTD.　2013
Original Japanese edition published in Japan by SHUFUNOTOMO CO.,LTD.
Chinese simplified character translation rights arranged through Shinwon Agency
Beijing Representative Office
Chinese simplified character translation rights © 2015 by HUNAN SCIENCE &
TECHNOLOGY PRESS

小而美的多肉植物

编　　著：[日]主妇之友社
监　　修：[日]羽兼直行
译　　者：冯宇轩
摄　　影：[日]平野威　　[日]五百藏美能
插　　图：[日]别府麻衣
策划编辑：杨　旻　李　霞　周　洋
出版发行：湖南科学技术出版社
社　　址：长沙市湘雅路 276 号
　　　　　http://www.hnstp.com
湖南科学技术出版社天猫旗舰店网址：
　　　　　http://hnkjcbs.tmall.com
邮购联系：本社直销科 0731-84375808
印　　刷：长沙超峰印刷有限公司
　　　　　（印装质量问题请直接与本厂联系）
厂　　址：宁乡县金洲新区泉洲北路 100 号
邮　　编：410600
出版日期：2015 年 8 月第 1 版第 2 次
开　　本：710mm×1000mm　1/16
印　　张：8
书　　号：ISBN 978-7-5357-8592-3
定　　价：38.00 元